水稻生态育种学概论

张旭　黄秋妹　主审

陈友订　刘传光　周新桥　陈达刚　郭洁　陈可　叶婵娟　编著

SPM
南方传媒

广东科技出版社
全国优秀出版社

· 广州 ·

图书在版编目（CIP）数据

水稻生态育种学概论 / 陈友订等编著. —广州：广东科技
出版社，2023.6
ISBN 978-7-5359-8040-3

Ⅰ. ①水… Ⅱ. ①陈… Ⅲ. ①水稻—作物育种—概论
Ⅳ. ①S511

中国国家版本馆CIP数据核字（2023）第001226号

水稻生态育种学概论
Shuidao Shengtai Yuzhongxue Gailun

出 版 人：严奉强
责任编辑：尉义明　谢绮彤
封面设计：柳国雄
责任校对：李云柯
责任印制：彭海波
出版发行：广东科技出版社
　　　　　（广州市环市东路水荫路11号　邮政编码：510075）
销售热线：020-37607413
https://www.gdstp.com.cn
E-mail：gdkjbw@nfcb.com.cn
经　　销：广东新华发行集团股份有限公司
排　　版：创溢文化
印　　刷：广州市彩源印刷有限公司
　　　　　（广州市黄埔区百合三路8号　邮政编码：510700）
规　　格：889 mm×1 194 mm　1/32　印张6.5　字数200千
版　　次：2023年6月第1版
　　　　　2023年6月第1次印刷
定　　价：120.00元

如发现因印装质量问题影响阅读，请与广东科技出版社印制室
联系调换（电话：020-37607272）。

前　言
Preface

　　水稻是世界上重要的粮食作物，它养活了全世界一半以上的人口，我国亦有60%以上的人口以大米为主食。从考古发现和文献记载来看，水稻起源于中国，而后传向世界各地。近代以来，我国水稻育种技术不断突破，产量由不足1 500 kg/hm^{2}提升至12 000 kg/hm^2，单位面积产量、总产量均居世界第一。其中，矮化育种的实现使我国水稻单位面积产量提高20%左右，三系杂交水稻的配套使我国杂交水稻单位面积产量进一步提高20%左右；水稻光敏核不育系的发现，是人类首次在作物中发现育性受光温调控，为其他作物两系杂交配套从理论和技术上指明了方向，是我国独创的育种技术；杂交水稻技术是我国改革开放之初，为数不多的可向国外出口的技术，为世界粮食增产做出了重要贡献。

　　本书从回顾历史和近代水稻科学研究经验与成就的视角，提纲挈领地阐述了中华人民共和国成立以来第一代著名稻作学家丁颖教授的生平事迹，中国栽培稻种的起源和演变，中国栽培稻种的分类，中国水稻品种的光温生态试验研究，不同光温组合对两系法水稻核不育系育性转换的影响，光敏、温敏雄性核不育系水稻光温反应特性间的关系，两系法杂交水稻雄性核不育系的技术标准及生态适应性鉴定，进而揭示了水稻生态育种特别是光温生态和品种选育利用的基本理论、基本技术、基本操作，以供从事水稻科研生产工作者及大中专农林院校师生参考使用。虽然我国水稻育种技术水平领先世界，但要居安思危，持续加大支持力度，不断突破育种新理

论、新方法，培育突破性水稻新品种，为国家粮食安全提供更加强有力的保障。

撰写本书的重要目的是缅怀著名水稻科学家丁颖先生的光辉业绩，并"继承好、弘扬好、光大好"先生的学术思想。进而在此基础上结合近年稻作界在水稻生态育种，尤其是水稻光温生态与品种选育利用方面所取得的进展及成就，编写此书并与读者共享。

编著者

2023年2月

目 录
Contents

第一章

中国水稻生态育种学的发生与发展

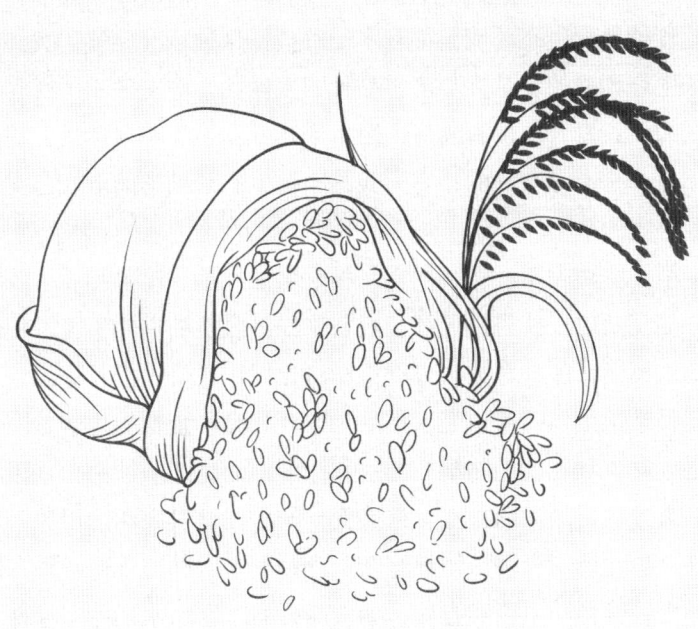

第一节 ▶
水稻生态育种学的产生基础、性质及任务

稻作在中国已经有5 000余年历史，水稻是我国人民的首要粮食作物，我国约有60%人口以大米为主食。我国水稻田面积约3 530万hm²，虽然仅次于印度，居世界第二位，但是播种面积与稻谷总产量则为全球之冠。

中国的稻区面积甚为辽阔，分布于18°N～53°N，从高温多湿的华南地区到雨量稀少的新疆一带，从海拔仅为0.8 m的东南海滨至海拔2 000 m以上的云贵高原，地跨热带、亚热带、温带、寒温带的各种地理生态环境，都有水稻种植。这种情况导致了我国不同稻区生态环境的复杂性与水稻品种的多样性，对进一步了解和掌握水稻的生长发育规律，改造稻区生产技术和增加稻米产量，提高稻米品质，是十分有利的，它为我国水稻生态育种学的形成与发展提供了坚实的基础。

稻作实践表明，选育优良品种是增加产量、改善品质、节省成本、提高功效、获得显著社会效益和经济效益的重要手段，随着更多的水稻优良品种育成，育种工作将比以往更受人们青睐。当代水稻育种学虽然仍旧是研究水稻品种选育和良种繁育的科学，但它的发展方向也和现代生物学一样：①微观方面，即从细胞和基因工程水平来进行新品种的选育，创造变异的手段已发展到运用花粉培养育种、理化诱变育种、体细胞杂交育种、基因剪切改造育种、分子设计育种等育种手段和方法；②宏观方面，它以水稻生态育种为代表，即在品种培育和推广过程中综合考虑生态环境的影响和作用。

在比较分析上述两种育种方法和手段时，不难看出前者育成的品种最终还需经过生态环境的考验后才可以确定其应用推广的价值，生态适应性的强弱对品种选育、推广的重要性一目了然；而后者——水稻生态育种育成的品种最能适应当地的生态环境，并为育成后加速种植推广提供了最佳的有利生态条件，此亦为当代水稻生态育种学之所以迅速发展和扩大的重要原因之一。因此，当人们在研究生态因子与水稻品种培育过程中相互关系的基本原理和变化规律时，就一定要综合考虑水稻品种在选育和推广时周围生态环境的变化及其影响。由于水稻和生态环境之间的相互依赖关系及生态因子对品种的选择作用，形成了水稻对生态环境的适应性。不同生态环境对某一品种的个体或者群体所能提供的物质流、能量流、信息流是有差异的，这种差异无疑导致了水稻个体或群体生长发育的差异。故此，水稻生态育种学的基本任务就是努力探索水稻生态环境变化的规律，在一定生态环境下水稻生长发育和形态特性变化的规律，生态因子与水稻品种生育期间相互作用的规律，以期达到育出"高产、优质、高效"的新品种之目的。

第二节 ▶
水稻生态育种方法的分类及与其他学科的关系

一、水稻生态育种方法的分类

我国水稻生态育种方法大致分为两类。一类是重点考虑单个生态因子的影响而进行新品种选育，如提高光能利用率的"高光效育种"和抵抗低温的"耐冷育种"等。另一类是重点考虑两个或两个以上综合生态因子影响的育种，如"水稻高产株型育种"和"水稻动态株型育种"等。

二、与其他学科的关系

水稻生态育种是水稻生态学和水稻育种学共同结合的产物，也可以理解为它们的交叉渗透或延伸。因此，水稻生态学与水稻育种学是与水稻生态育种关系最为密切的两门学科。

作为水稻生态育种基石之一的近代水稻育种工作，要求工作者掌握相关的基础理论和试验技术，综合运用多学科知识。只有充分地掌握包括分子遗传、群体遗传、数量遗传在内的作物遗传学、作物学、水稻生理学、作物生物化学、土壤肥料学、农业昆虫学、植物病理学、生物统计学等，才可以按照人们的需要去塑造和培育新的品种，提高育种工作的针对性、科学性和预见性。

另外，水稻生态学是研究水稻与生态环境之间相互关系的科学。具体地说，是以生态学的理论原则和试验操作技术为指南，研究水稻生长、发育、成熟、繁殖的规律，以及形态结构特性与环境之间的相互关系，即：①研究个体、群体和不同品种形态特性、生长发育、成熟繁殖与气候、土壤、生物等环境因子的关系；②在研究控制种稻环境和稻种种性的过程中，提出增加单位面积产量和总产量的方法，如通过新品种的育成推广从而取得社会效益和经济效益；③研究稻米生产过程中稻田和稻株物质循环与能量转化规律。20世纪60年代之后，代表现代生物学宏观发展方向的生态学发展异常迅速，而水稻生态学作为生态学的一个分支，亦获得了长足进步。所以，要掌握水稻生态学，就必须熟悉作物学、耕作学、育种学、生理生化学、农业气象学等学科。随着近代人工控制生态因子技术的巨大发展，利用人工气候设备模拟生态环境的试验研究日渐增多，若缺乏一定的物理学、数学和计算机科学知识，操纵这样的大型仪器设备将是十分困难的，故而要求水稻生态工作者也应具备此方面的基本知识。

由上可见，要想发展水稻生态育种这门学科，一定要生态学家、育种学家、水稻科学工作者和其他有关科学研究人员来协同探讨，才会使这个科学意义和实践价值巨大的边缘学科日臻成熟。

第三节 ▶
中国水稻生态育种的历程

以水稻生态学和育种学两大学科为支柱的水稻生态育种学，是一门比较年轻的学科，其发生与发展历史并不长。我国的水稻生态学是由丁颖教授奠基的，1961—1964年，由他创建的中国农业科学院–华南农学院–广东省农业科学院水稻生态研究室从控制水稻品种种性的过程来研究生态因子的作用，即用生态育种的观点提出提高水稻产量的途径。1978年，曾由丁颖主持的水稻光温生态研究协作组，就"中国水稻品种对光温条件反应特性的研究"做了系统总结，并写出了《中国水稻品种的光温生态》一书。书中提出：①研究分析我国水稻各类型品种的光温反应特性，能为育种、引种、栽培和耕作制度优化等方面，进一步利用中国的水稻品种资源提供依据；②根据我国水稻品种的光温反应特性，做出品种的全国性熟期分类；③综合各地带水稻品种的特征特性，划分中国水稻品种的气候生态型。其后，梁光商等人通过研究与总结水稻生态系统的结构与功能，更进一步阐明了生态环境因子对稻种起源、分化、演变、分布、区划、生长、发育及产量形成的生态作用，并于1983年发表了《水稻生态学》专著。前述这些基本观点对发展我国生态育种理论与实践有着重要的指导意义。

一、丁颖教授重要业绩

（一）长期从事水稻品种资源的收集、研究

自1926年起，丁颖先后发现了广州野生稻、博罗野生稻、高州

野生稻等野生稻。1933年，发表了《广东野生稻及由野稻育成之新种》；1949年，发表了《中国稻作之起源》；1957年，发表了《中国栽培稻种的起源及其演变》。他纠正了"中国栽培稻起源于印度"的谬说，从社会科学（文字学、语言学、考古学）和自然科学（植物分类学、植物形态学、植物生理学、植物生态学）两方面为中国水稻品种的起源和演变研究奠定了坚实的基础。

（二）对籼粳稻进行科学分类

1. 日本稻作学者加藤茂苞对籼粳稻的错误分类法

1928年，日本稻作学者加藤茂苞发表了《由杂种植物之结实度所见的稻种亲缘》和《稻的不同种类间的亲缘关系的血清学研究》，对籼粳稻进行了错误分类。

加藤茂苞等根据品种间杂种一代（F_1）的结实率和血清反应，将粳稻定名为日本亚种（*Oryza sativa* L. subsp. *japonica* Kato），将籼稻定名为印度亚种（*Oryza sativa* L. subsp. *indica* Kato）。

2. 丁颖的籼粳亚种分类原则

（1）F_1的结实率。

（2）血清反应。

（3）碳酸反应。

（4）其他性状鉴定：①叶片形状、色泽、顶叶开张角度；②叶毛的多少；③芒的有无或多少；④颖毛长短、分布；⑤谷米形状；⑥脱粒难度。

丁颖将中国栽培稻种分为籼亚种（*Oryza sativa* L. subsp. *hsien* Ting）和粳亚种（*Oryza sativa* L. subsp. *keng* Ting）。

3. 丁颖认为加藤茂苞对栽培稻亚种分类产生谬误的原因

加藤茂苞未知所谓"日本型"（*japonica*）是公元前来自中国的，也未知公元前中国已经将其栽培稻分类成粘（籼）与不粘（粳）两大类型。

4.　在我国掀起的籼粳稻分类学术争端

发生的时间在20世纪50年代末至20世纪60年代初前后十数年。定论为*hsien* Ting及*keng* Ting为我国籼亚种和粳亚种的学名，丁颖的栽培稻起源与分类的学术思想在我国稻作界得到公认，也是我国稻作分类的理论基础。*indica* Kato（印度型，加藤茂苞）及*japonica* Kato（日本型，加藤茂苞）的分类方法被逐出我国稻作界舞台。

（三）稻作区域的划分

1.　稻作区域的环境条件

（1）水稻的感温性：翻秋栽培；漠河北界栽培极限；积温。

（2）光照：感光性与双季稻；纬度高低决定水稻种植；海南崖县（现三亚市）光照13 h，黑龙江漠河光照16 h，相差3 h。

（3）降水量：400～2 000 mm/a。

（4）相对湿度（RH）：如灌溉水量充足时，湿度不成为稻作区域分布的重要因素。

（5）地形：海拔决定水稻的垂直分布。云南省海拔1 750 m以下的为籼稻，海拔1 750～2 000 m的为籼粳混交带，海拔2 000 m以上的为粳稻。

（6）栽培制度。

（7）品种特性：熟期性；光温反应等生态型；茎叶形态；生理特性。

（8）行政区划特点。

2.　稻作带

全国六大稻作带分别为：华南双季稻作带、华中单双季稻作带、华北单季稻作带、东北早熟稻作带、西北干燥区稻作带、西南高原稻作带。

（四）世界上水稻"野栽杂"第一人

1. 普通野生稻与栽培稻杂交

利用普通野生稻与栽培稻杂交育成中山1号（选育出中山占、中山红、中山白）和包胎矮（选育出包选2号）。种植时间为60年，推广面积为826.67万hm^2。

2. 印度野生稻与栽培稻杂交

利用印度野生稻与栽培稻杂交育成东印1号、暹黑7号、咸雪9号等，并在华南地区推广。

3. 近代籼粳稻的区别方法

（1）从植物形态上来区别：顶叶开张角度大小，叶片大小、长短、软硬，叶色浓淡，叶毛多少；茎秆高矮，茎秆软硬，茎秆粗细；穗茎长短，穗茎弯直；颖毛稀密，颖毛长短。

（2）从生理生态特性上来区别：谷粒吸水多少；发芽势高低；生长速度快慢；肥料耐性强弱；耐冷性、耐病性、抗病性强弱。

（3）日本学者加藤茂苞的区别方法：杂种F_1结实率；血清反应。

（4）丁颖的区别方法：除上述方法外，还用碳酸反应区别 *hsien*、*keng*。籼亚种：*Oryza sativa* L. subsp. *hsien* Ting。粳亚种：*Oryza sativa* L. subsp. *keng* Ting。

（五）引种繁育的先驱者

1. 揭示引种规律，奠定引种理论基础

（1）同纬度引种：日照时数相同，温度也接近，容易成功。

（2）不同纬度引种：由南至北，生育期延长；由北至南，生育期缩短。由此可见，光长是决定因子，温度是重要因子。

（3）不同海拔引种：由于同一纬度日照时数相同，所以引种的成败在于品种对温度及土壤等生态环境的适应性。

2. 繁育

除"片选法""穗选法""分级留种法"外，将"育种"和"繁种"结合起来的"改良混合选择法"值得推广（图1-1）。

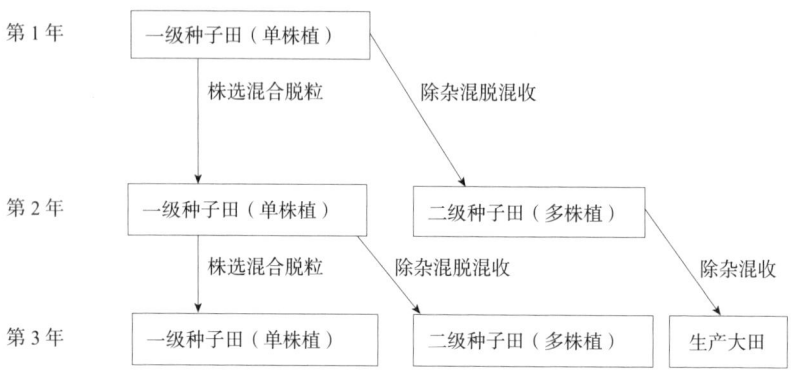

图1-1　"改良混合选择法"示意

（六）栽培基础理论的奠基者

丁颖早在1959年发表的论文中就把水稻整个幼穗发育分为8个时期，并指出稻穗的开始分化是在光照阶段结束的基础上进行的，水稻生长季内品种成熟的早晚基本取决于光照阶段的结束时间或稻穗开始分化的早晚。因此，它为高产栽培提供了必要的理论基础。

水稻整个幼穗发育分为以下8个时期：①第1苞分化期，生长点开始膨大，出现第1苞原基（664×，表示放大倍率，下同）；②第1次枝梗原基分化期，出现苞毛（664×）；③第2次枝梗原基及颖花原基分化期，由第1次枝梗原基分化出第2次枝梗原基，再由第2次枝梗原基分化出颖花原基（666.6×）；④雌雄蕊形成期；⑤花粉母细胞形成期（8 000×）；⑥花粉母细胞减数分裂期（8 000×）；⑦花粉内容充实期；⑧花粉内容完成期。

二、水稻生态育种的发展

20世纪80年代以来，纵观国内外的研究情况，首先提出"水稻生态育种"这个概念的是吴灼年和薛德榕。1980年，他们在《作物生态与农业生产》的论述中，针对我国稻区辽阔、生态环境多样、好似一个"天然气候箱"的现状，在充分发挥这个天然气候箱的有利条件下，根据试验目的和要求，必要时在可设置不同温度、光照、湿度等生态因子的人工气候室（箱）内进行辅助试验，以避免自然条件下田间试验常受多变气候条件影响的缺陷，从而加快水稻生态育种方面的研究步伐。由于水稻品种除了对光温条件有明显的生态反应以外，对病虫、土壤、水肥等因素也同样表现其生态反应，故稻米生产中要做到趋利避害、高产稳产，通过摸索水稻主要生长季节的气象变化规律，调节和控制播期、插期、花期、熟期等，仅在一定程度和范围内可行。切实可靠的措施首推生态育种：即根据不同稻区的生态特点，培育出不同熟期、抗性、肥水要求、栽培水平和不同地理适应性的优良品种，使其在当地生态环境下能够协调生育，充分发挥其物质循环和能量转换的效能。

进入20世纪90年代，继春小麦生态育种成功之后，我国第一部水稻生态育种专著《水稻生态育种》也于1991年出版问世了。这部专著比较系统地总结了水稻生态育种的成功经验与失败教训，同时也比较明确地阐述了水稻生态育种产生的基础、性质、方法及与其他学科的关系，并从生态学的角度比较详细地讨论了国内水稻生态育种中有成效的高光效育种、耐冷育种、从化育种、品质育种等，既为水稻生态育种奠定了坚实的理论基础，又为拓宽今后的研究思路指明了方向。在此期间，我国水稻生态育种工作不但在理论研究上有所进展，而且在育种实践中亦取得了不少成绩，应用生态育种方法选育出一批优良品种在生产上推广，获得了明显的社会效益和经济效益。

（1）选育出我国首个水稻高光效品种"叶青伦56"。这个品种的株型结构良好，单叶与群体净光率及其光能利用率约比当时主栽品种高10%，而且光合遗传力也强很多，所以"叶青伦56"除了在广东、广西、四川、陕西等省区大面积推广获得良好的效益外，在当时华南稻区育成的优良常规稻品种"特青""特三矮""珍桂矮"等，三系法杂交稻组合"广优青""广优珍"等，两系法杂交稻组合"W6154S/特青2号"等，均可见到"叶青伦56"起到骨干亲本的作用。"叶青伦56"衍生品种系谱见图1-2、图1-3。可以认为，"叶青伦56"的育成是水稻高光效株型育种获得成功的一次尝试，也是与常规育种有机结合起来的育种技术和程序行之有效的证明。当然，水稻高光效育种除了更深入开展高光效株型育种等方面外，运用新技术来培育光合速率高的品种也应受到重视，例如利用遗传工程导入高光效基因、叶绿体移植、进行细胞培养与融合使水稻（C_3）和其他C_4植物杂交等，以期高光效育种技术能在育种工作中有新的突破，选育出更多的优良品种投入生产。

（2）水稻生态育种学在育种工作方面的价值之一，就是能够定向培育优良品种，有利于扩大育种范围，避免品种单一化。这是因为生态育种能应对不同生态区的自然条件和生产实际，分别选出具有不同性状的生态型品种，而且即使在同一生态环境条件下，根据"生态型"和"季节生态型"的差异，采用生态育种的方法也能选育出不同生态类型的品种，从而达到高产稳产的目的。其次，面对复杂多变的生态环境条件，生态育种能充分发挥其针对性强的特点，故而育种效应好，育成优良品种的概率亦相对比较大，加上育成品种具有良好的生态适应性，从而加快了品种选育和推广应用的步伐。

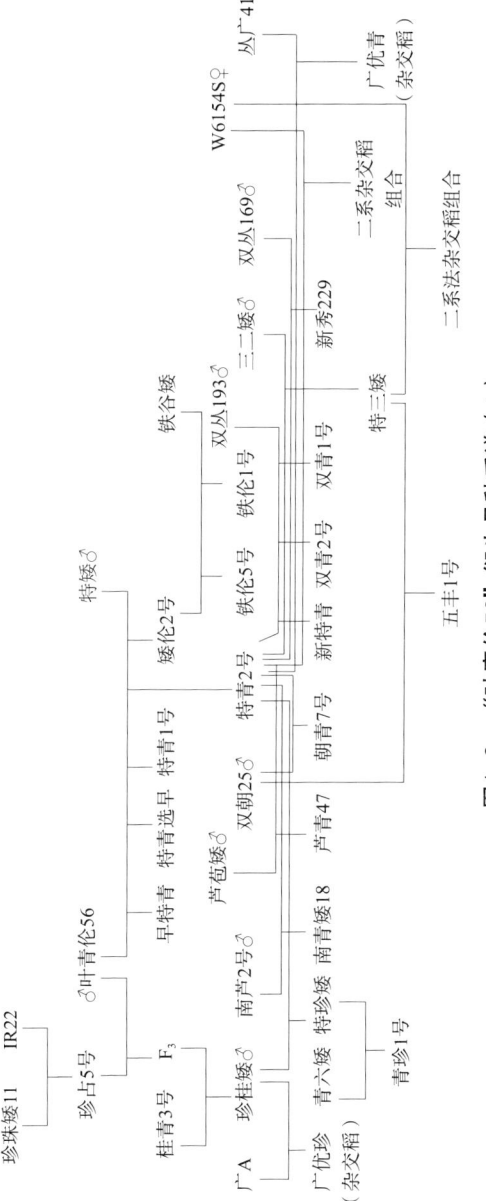

图1-2　"叶青伦56"衍生品种系谱（1）

注：图中♂♀除标注者外，均为左♀右♂。

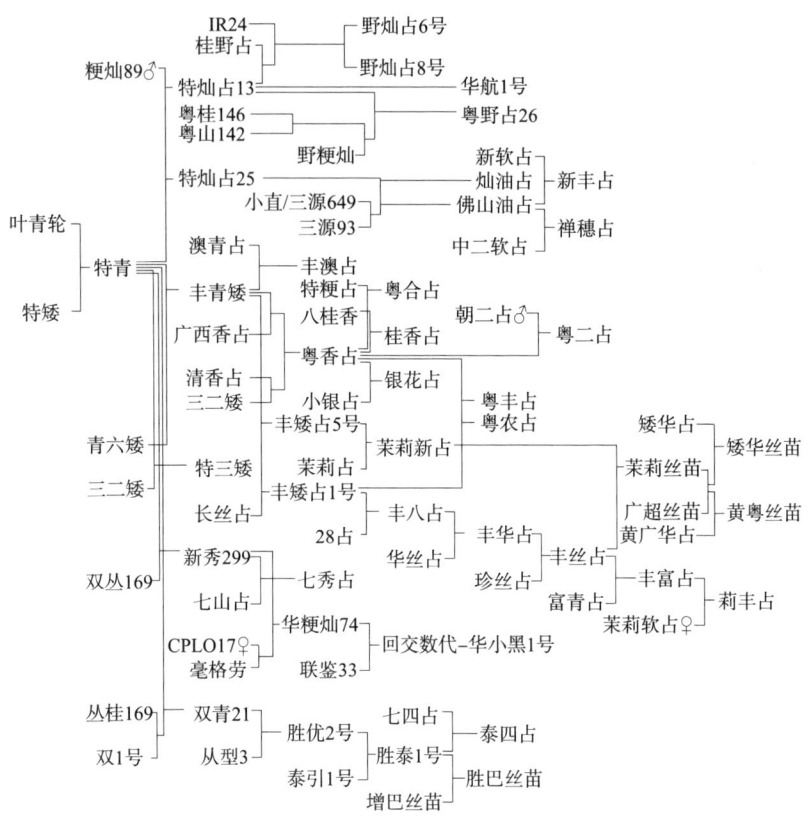

图1-3　"叶青伦56"衍生品种系谱（2）

注：图中♂♀除标注者外，均为上♂下♀。

我国水稻生态育种正是沿着这一条轨迹走过来的，一批有价值的新品种育成即是极好例证，其中比较突出的是通过低温生态研究，以及水稻耐冷品种资源的收集、整理，鉴定出一批水稻耐冷种质作为耐冷育种骨干亲本后，建立起一套相对严密完整的耐冷育种程序。例如广东省农业科学院水稻研究所孔清霓等在PGS-36人工气候箱内及大田自然条件下，对1 210份晚籼型品种的始穗期耐冷性进行初筛和复筛之后，获得了354份耐冷种质，用于华南稻区晚稻抵抗"寒露风"等冷害的育种工作中。上海市农业科学院曾对293份水稻品种进行开花期人工低温下的耐冷性鉴定（其中主要为粳稻，240份；少量为糯稻和籼稻，分别为36份和17份），筛选鉴定水稻品种耐冷性的程序和方法及所得到的耐冷种质资源被范洪良等用于粳稻耐冷育种后，于1983年选育出粳稻耐冷品种"寒丰"，并在上海郊区大面积及南方稻区多点推广种植，增产效果显著，受到农民群众欢迎。广东省农业科学院水稻研究所在生态育种理论指导下，应用"水稻综合生态因子育种法"选出了高产品种"特青2号""双桂1号""双桂36"等，于我国黄河以南的稻区种植，使水稻大面积增产，在取得社会效益和经济效益双丰收的同时，亦极大地丰富了水稻生态育种的理论和实践，有力地推动了我国水稻生态育种向前迈进的步伐。

这里还必须指出："水稻综合生态因子育种法"从20世纪末至21世纪初仍在飞速发展中，以《华南双季超级籼稻动态株型育种理论研究与应用》的综合生态因子育种法为例，2000—2021年的21年间我国充分掌握了华南超高产水稻动态株型模式在育种实践中形态性状指标和生理性状指标在不同世代选择的侧重点，即低世代分离材料以形态性状选择为主，高世代稳定材料形态性状与产量和生理性状选择结合进行，充分利用该株型模式在育种选择中的优越性，提高了育种效率，育成了一批优质超高产水稻新品种和新组合，通过了国家和广东省审定并推广应用（表1-1，其中亩为非法定计量单位，1 亩 $= 1/15 \ hm^2 \approx 666.67 \ m^2$），而且还有一批具有超高产潜力的优质水稻苗头品种（组合）参加广东省区试（表1-2）。由上可知，华南双季稻区超级籼稻动态株型育种理论的溢出效应，仍在不断扩大。

时至今日，水稻生态育种学已经逐渐发展成为我国水稻育种学科中的重要组成部分，取得了前所未有的光辉成就而为稻作界所瞩目。当然，我们在收获这一水稻科研生产硕果的同时，也应以崇敬的心情缅怀种下"水稻生态育种"这棵大树的众多老一辈稻作学家们，他们是丁颖、杨开渠、白思九、水新元、朱凤美、伍丕舜、吴汉苏、吴鸿元、李平延、沈梓培、周泰初、高亮之、张矢、崔徵、崔继林、唐锡华、陈炜钦、程学达、梁光商、梁余德、黄继芳、汤玉庚、赵善欢、杨立炯、杨守仁、俞履圻、鲍文奎、蒋谦陛、黎毓干，以及王更生、王亦民、竺泰源、林权、林世成、李文仕、李金培、李茂坤、吴启增、吴灼年、沈学平、沈锦骅、马建猷、马锷、高立民、胡仲紫、徐绳祖、陈一吴、张镜、张国林、孟立民、杨丰年、过益先、钱泳文、邬柏梁、粟宗嵩，继承和发扬他们的学术思想，"不忘初心、牢记使命"，不断提升稻作科技水平和服务"农业、农村、农民"的能力，为把我国"水稻生态育种"推向更高、更新的平台而继续奋斗！

表1-1　育成品种（组合）及推广应用情况

品种（组合）名称	审定区域	审定证书号	推广面积/万亩
天优2168	广东，国审	粤审稻2006021，国审稻2011022	100.71
天优8号	江西、河南、湖北	赣审稻2006026，豫审稻2006006，鄂审稻2007012	278.2
粤泰丝苗	广东	粤审稻2006069	43.38
粤奇丝苗	广东	粤审稻2008038	51.38
粤综占	广东	粤审稻2009032	37.47
五优华占	广西、江西、湖南	桂审稻2013036，赣审稻2013007，湘审稻2014021	633.5
五优613	广东	粤审稻2011032	82.63
粤油丝苗	广东、湖南	粤审稻2011024，湘审稻2013026	515.18
五优376	广东	粤审稻2012010	63.13

续表

品种（组合）名称	审定区域	审定证书号	推广面积/万亩
五优321	广东	粤审稻2013007	28.61
吉优371	广东	粤审稻2015018	19.4
南晶占	广东	粤审稻2015032	34.85
吉优360	广东	粤审稻2016015	—
南桂占	广东，国审	粤审稻2016004，国审稻20200002	57.33
广8优798	广东	粤审稻20170064	43.16
南秀软占	广东	粤审稻20170007	74.4
南优占	广东	粤审稻20180040	49.79
安优319	广东	粤审稻20180011	0.33
南油丝苗	广东	粤审稻20190013	5.49
南两优362	广东	粤审稻20190041	—
五优738	广东	粤审稻20190036	—
南晶香占	广东，国审	粤审稻20200071，国审稻20216133	—
南广丝苗	广东	粤审稻20200011	—
南两优530	广东	粤审稻20200040	—
五优767	广东	粤审稻20200025	—
南广占3号	广东	粤审稻20210006	—
南新油占2号	广东	粤审稻20210002	—
南珍占	广东	粤审稻20210047	—
南两优918	广东	粤审稻20210062	—
南两优6号	广东	粤审稻20210068	—

表1-2　近年育成参加广东省区试的新品种（组合）

品种（组合）	广东省内多点试验		广东省农业科学院水稻研究所内评比		区试进展
	平均产量/（kg·亩⁻¹）	比对照组增产/%	平均产量/（kg·亩⁻¹）	比对照组增产/%	
南秀美占	515.20	6.83	473.65	7.22	2021年复试
南惠1号	507.18	5.18	471.73	6.79	2021年复试
南桂新占	501.63	4.00	468.21	5.99	2021年复试
南泰香丝苗	526.50	8.59	502.63	6.31	2021年复试
南新优698	596.50	5.56	629.48	−0.63	2021年复试

第二章

中国栽培稻种的起源和演变

第一节 ▶
栽培稻的起源

一、栽培稻与野生稻

（一）野生稻

R. J. Roscheving 研究全世界的野生稻资源后，将中国广州野生稻、广东遂溪野生稻、云南思茅野生稻认定为中国栽培稻祖先；由于印度多年生野生稻种（*Oryza perennis* Moench）形态与栽培稻很接近，将它定名为栽培稻的野生变种（*Oryza sativa* var. *fatua* Prain）。Roscheving 将上述两者综合，称之为"栽培种的野生型"（*Oryza sativa* L. f. Spontanea）。

（二）中国栽培稻的起源

1. "稻"字的文字演化

甲骨文——🌾

籀　文——𥝥

篆　书——䆃

楷　书——稻

2. 考古学的发现

（1）湖北放鹰台、屈家岭新石器时代遗址出土稻谷。

（2）安徽肥东大陈墩出土的碳化稻谷，距今已达6 200年。

（3）稻作文化——23万kg的国家粮库，浙江河姆渡出土，距今6 000余年。

3. 起源推断

由此推断中国栽培稻应当是由长江流域起源，而后在黄河流域（河南安阳、陕县庙底沟和三里桥）得到一定的发展，珠江流域至今尚未发现新石器时代的考古成果。

二、栽培稻种的传播

（一）世界传播的3条途径

1. 中国系统

我国栽培稻于公元前200年传至日本，栽培技术于公元前1000年传至菲律宾。

2. 印度系统

公元前10世纪，经古巴比伦到欧洲再到美洲。有同一语言系统，如Arishi、*Oryza*、Rice等。

3. 南洋系统

公元前1084年印度尼西亚爪哇岛已经开始种稻。

（二）中国栽培稻的传播系统

（1）从植物形态、特征、分类上看，南北籼粳均属于同一种，即*Oryza sativa* L.。

（2）从生理生态上看，南北籼粳和早晚稻都具有短日高温的生物学特征，证实其祖先来自于南方热带地区。

（3）从"稻"字的发音也可以证实中国栽培稻的传播途径是由南向北。

第二节 ▶
中国栽培稻（籼粳稻）的演变

一、籼粳稻的区别

籼粳稻在中国古代的区别包括：①米粒的淀粉性（粘和不粘）；②米香味；③谷芒（长短、有无）；④粒形（扁、圆）；⑤成熟期早迟；⑥穗长短。

二、日本学者对籼粳亚种的命名依据

日本学者加藤茂苞等对籼粳亚种的命名主要是根据F_1结实率的高低和血清反应。他们将亚洲栽培稻分为三类，即：*Oryza sativa* L. subsp. *indica* Kato（印度型）、*Oryza sativa* L. subsp. *japonica* Kato（日本型）和*Oryza sativa* L. subsp. *javanica* Kato（爪哇型）。

三、中国稻作学者对籼粳亚种的命名

丁颖先生的分类命名依据是在加藤茂苞分类命名的依据，即在F_1结实率高低和血清反应的基础上，追加了碳酸反应，以及水稻叶片、芒、籽实的植物形态及生理功能的发掘研究。命名结果为：*Oryza sativa* L. subsp. *hsien* Ting（籼亚种，我国栽培稻基本型）及*Oryza sativa* L. subsp. *keng* Ting（粳亚种，籼亚种的变异型）。

四、籼粳稻的演变

（一）籼稻

（1）分布：华南热带与淮南以南的亚热带低地。

（2）生理性状：耐热、耐湿、耐强光。

（3）植物学性状：米质黏性较强、粒形细长、颖毛短而少、叶面粗糙，这些均与野生稻相同。

（4）亲缘关系：与野生稻最接近，可以认为是由野生稻经人工驯化而来。

（5）结论：籼稻属于中国栽培稻的基本型。

（二）粳稻

（1）分布：华南热带附近的高地、太湖地区、淮河以北温度较低地带、云南高原。

（2）生理性状：耐寒（冷）、耐旱、耐弱光。

（3）植物学性状：米质黏性较弱、粒形短大、颖毛长密、叶面光滑无毛。

（4）亲缘关系：与野生稻有较大差异，这可能是野生稻或者籼稻的个体在自然选择（主要是温度）和人工选择条件下所演变而成的"系统变异"型。

（5）结论：粳稻是籼稻的变异型。

（三）籼粳稻的分布

（1）纬度分布：北半球由南向北为籼稻区→籼粳混合区→粳稻区。

（2）垂直分布：籼稻区年平均温度＞17℃，粳稻区年平均温度＜16℃。在云贵高原带，海拔1 750 m以下为籼稻区，海拔1 750～2 000 m为籼粳混交带，海拔2 000 m以上为粳稻区。

（3）问题（质疑）：既然我国粳稻是由籼稻进化而来的，为

何在历代的考古发掘中发现北方粳稻的遗迹比南方籼稻"早"且"多"？根据此种情况有如下质疑：①究竟是粳稻在先还是籼稻在先？②究竟是粳稻向南推还是籼稻向北推？上述问题（质疑）希望今后能得到研究解决。

第三节 ▶
早稻、晚稻的品种演变

一、早稻、晚稻的品种特性

光长是早稻、晚稻品种特性的决定因子。华南晚稻只有在短日照条件下才能使幼穗分化而出穗，所以华南晚稻在早季不出穗，直至晚季通过短日照才能出穗。高温可促进成熟、缩短生育日期，但对幼穗分化无影响。

二、早稻、晚稻的名词解释

（一）早造、早稻

早稻对温度反应敏感，对光长反应不敏感（钝感），早季栽培时可出穗。早稻可翻秋栽培，可一年两季种植（注：广州地区称早稻为早造）。

（二）晚造、晚稻

晚季栽培的水稻称晚造或者晚稻。晚稻对光长反应敏感，早季栽培时不能出穗。

三、早稻、晚稻的演变

（一）结论

晚稻为基本型，早稻为变异型，早稻由晚稻演变而来。

（二）原因

（1）人工选择：人工在晚稻个体内变异选择培育。

（2）自然选择：晚稻类型中不同品系的自然杂交，可能得到比一般晚稻提早出穗的早稻、中稻品种。

（3）野生稻也可能由于环境或天然杂交引起变异，形成近似栽培稻的直生型野生稻株，在早季能抽穗结实，成为早稻。

第四节 ▶
水稻、旱稻的品种演变

一、水稻、旱稻演变之争

（一）从水稻和旱稻的亲缘关系来看其演变过程

国外有学者认为旱稻种与野生的药用种有关，也有学者认为水稻源自旱稻。

（二）根据历史沿革来看其演变过程

我国稻作界根据悠久的栽培历史，认为水稻是基本型，旱稻是变异型，旱稻是由水稻演变而来的。

二、水稻、旱稻的栽培发展过程

我国古籍《淮南子》《史记》《诗经》《周礼》《战国策》等中的记载明确指出稻种植于低湿地，即栽培的是水稻。

古籍中记有旱稻的只有《管子·地员》的陵稻和《礼记·内则》的陆稻；而稻字上加一个陵字或陆字，也显然是个后起名称，由"稻"发展而来。

三、水稻、旱稻品种的特性差异

（一）形态学差异

水稻、旱稻品种的形态学差异甚小。

（二）生理生态学差异

水稻中根→茎→叶→气孔的通气组织比旱稻发达。当水稻、旱

稻的生态环境发生转换时，即水稻由水生改为陆地旱作栽培，旱稻由旱作改为水稻栽培时，上述结构特性亦不会改变。当水稻作旱稻栽培时，有可能在幼苗期产生比旱稻耐旱的品种。

四、水稻、旱稻的演变

确定水稻为基本型，旱稻由水稻演变而来（变异型）。旱稻也有可能从野生稻经人工直接栽培驯化而来。

五、深水稻

"浮稻"（深水稻的一种）在水中生长时有匍匐茎出现，这可能与在沼泽中生长的野生稻最相似，它可能就是由野生稻经人工选择而产生的。有部分"浮稻"经过人工选择后，完全能够在通常的栽培条件下生长发育而缺失原先具有的匍匐茎，与栽培稻属于同一类型。

第五节 ▶
粘稻、糯稻的品种演变

一、粘稻、糯稻的主要区别

（一）黏性

籼稻米的黏性最弱（弱），所以米饭不易粘成一团、不易结块结团。粳稻米的黏性较强（中）。糯稻米的黏性最强（强），所以米饭极易粘成一团、极易结块结团，一般粳糯黏性（大糯）大于一般籼糯黏性（小糯）。

（二）粘、糯区分的决定性因子

1. 淀粉含量

籼稻支链淀粉含量<5%，糯稻支链淀粉含量>80%。

2. 籽粒颜色

与可溶性淀粉含量、糊精含量、麦芽糖含量有关。

3. 用I_2-KI溶液做鉴定时

粘米淀粉吸I_2量大→呈蓝色，糯米淀粉吸I_2量小→呈棕红色。

4. 淀粉糊化的温度与时间

（1）糊化温度：糯稻最低，粳稻次之，籼稻最高。

（2）温度一定时，糊化所需时间：糯稻（短）<粳稻（中）<籼稻（长）。

糊化温度高低、糊化所需时间长短与品种的生长环境、耐冷性、耐旱性有关。

二、粘稻、糯稻在植物形态特性上的区别

除生理生化上淀粉的区别很大外，在形态特性上区别较少。同型粘稻和糯稻杂交F_1的结实率很高。

三、从系统演变过程看粘稻、糯稻的区别

（1）籼稻因不同地带温度（t）不同而有差异。

（2）早晚稻因不同季节和不同纬度的日照（L）不同而变异。

（3）水稻、旱稻因不同土壤水分条件而变异。

（4）同一地带、同一地区、同一季节、同一土壤条件的淀粉性变异是"栽培稻分类"的一个主因。

第三章

中国栽培稻种的分类

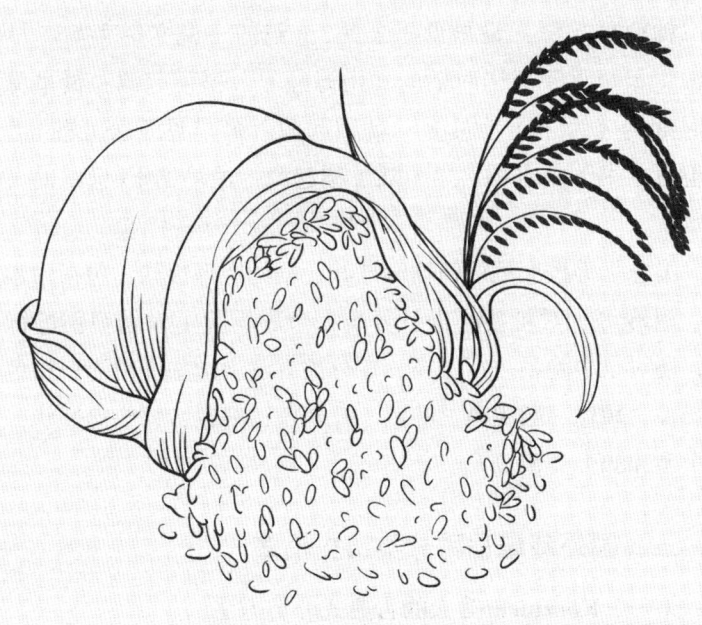

第一节 ▶
以往的栽培稻种分类法

一、栽培稻种分类的基础

（1）稻本身的系统发育特性。

（2）生态环境对栽培稻分类的影响。

（3）栽培耕作方法对栽培稻分类的影响。

二、国内栽培稻种分类历史沿革

籼粳稻起源：最早见于公元2世纪的《说文解字》。早晚稻起源：最早见于战国时期的《山海经》。旱稻起源：最早见于战国时期的《管子·地员》。糯稻起源：最早见于公元前1世纪的《氾胜之书》。水稻、旱（陆）稻起源：最早见于6世纪的《齐民要术》。

吴志强等按照稻的植物学性状、稻的生理性状（包括耐水、耐旱、耐冷等）对籼粳稻进行分类；余履圻除了对籼粳稻进行分类外，还对早中晚稻进行分类，在分类方法上增加了粒形、粒色、米香、芒、颖色、颖尖色、叶色、叶鞘色、茎色、柱头等性状，分为58个型和89个类型。

三、国外栽培稻种分类历史沿革

（一）Koernicke等人的古典式分类方法

根据芒、米色、颖色等性状，将通常稻（粘稻、糯稻）和小粒稻分为若干变种。

（二）吉川祐辉的分类方法

（1）根据栽培特性，将稻分为水稻、旱稻，早稻、中稻、晚稻，普通稻、特色稻。其中特色稻又分为长粒稻、中粒稻和短粒稻。

（2）根据米粒特性，将稻分为粘稻和糯稻。

（三）缅甸、印度学者的分类方法

Beale根据缅甸稻种的谷粒形状、长宽比和植物花青素等生理性状分为7个型。Hector对印度孟加拉稻种进行分类，首先分为普通稻（粘稻）、糯稻、长颖稻、簇穗稻、复粒稻共5个变种，然后根据植物花青素分布和植物学特性如米色、粒形、芒等，再分为早稻和晚稻，早稻和晚稻又有早熟、中熟和迟熟之分。

（四）苏联学者的分类方法

Гущин根据植物学观点按米粒长短分为普通稻亚种和小粒稻亚种，其中普通稻亚种又分为籼稻族和粳稻族，并根据护颖长短、粘糯、有无芒、米色、颖色把籼稻族和粳稻族分为158个变种。

（五）法国学者的分类方法

Porteres在综合Гущин及其他学者分类法的基础上提出栽培稻分类，分为印度型亚种（subsp. *O. indica* Kato）和狭义的栽培亚种［subsp. *O. sativa*（L.）Porteres］。根据植物形态和农业地理，按长宽比、颖尖、颖色，将栽培稻种分为39个变种。根据变种中颖毛的有无、颖色、粒形、米色、粒长、粒宽、粘糯，将39个变种再分为若干个类型。

第二节 ▶
中国栽培稻种的系统分类法

一、中国栽培稻种的分类依据

我国栽培稻种的分类有三大依据：①起源；②演变；③栽培发展过程。

二、中国栽培稻种的系统分类方法与结果

中国栽培稻种的系统分类结果如图3-1所示。

第一级：籼粳亚种	亚种
第二级：早中稻群和晚稻群	群
第三级：水稻型和旱稻型	型
第四级：粘变种和糯变种	变种
第五级：栽培品种	品种

图3-1　中国栽培稻种的系统分类

（一）籼粳亚种（第一级）

根据地理分布、形态特征、生理特性、亲缘关系，将其分为籼（*Oryza sativa* L. subsp. *hsien* Ting）和粳（*Oryza sativa* L. subsp. *keng* Ting）。

（二）早中稻群和晚稻群（第二级）

本分类方法是：①由光照发育阶段日照时数长短所决定；②人工选择。

（1）华南野生稻在8—9月通过光照阶段成为短日照性植物（早季不出穗）。

（2）华南晚稻和长江流域晚稻通过光照阶段在同一期间内成为短日照性植物（早季不出穗）。

（3）华南早稻、华南冬稻、长江流域早稻对光长反应不敏感，对温度（ t ）敏感，即对光照钝感或无感。

（4）长江流域中稻同早稻一样对光长反应不敏感，对温度敏感，北种南引（长日低温）导致生育期缩短（短日高温）。

（5）华南早稻对光长反应不敏感，对温度敏感，南种北引（短日高温）导致生育期延长（长日低温）。

（6）华南晚稻对光长反应敏感，南种北引（低纬度变为高纬度，光长短变为光长长）导致出穗延长。

（7）华南晚稻通过光照阶段的特性与华南野生稻相同，所以华南晚稻是基本型，华南早稻、中稻是变异型。由此可知：①我国栽培稻晚稻群是基本型；②我国栽培稻早中稻群是变异型；③我国栽培稻早中稻群是由晚稻群演化而来的。

（三）水稻型和旱稻型（第三级）

旱稻起源于水稻，所以水稻为基本型，旱稻为变异型。籼粳稻的早中晚稻群中均有旱稻。影响水稻、旱稻相互转换的基本条件是生态环境中土壤水分含量的变化及栽培条件的影响。水稻、旱稻在生理特性和植物形态上的区别小于早中晚稻之间的区别，所以列为"第三级"。

（四）粘变种和糯变种（第四级）

籼粳亚种，早中晚稻，水稻、旱稻中，都有粘稻和糯稻。华南

地区称粳糯为大糯，籼糯为小糯。

区分粘、糯的主要依据是淀粉性质和某些生理功能的差别。粘稻直链淀粉含量高，I_2-KI溶液呈蓝色；糯稻支链淀粉含量高，I_2-KI溶液呈棕红色。粘、糯之间的植物形态区别很少，且糯稻群体中常见粘稻个体变异出现，从而推定粘稻为基本型，糯稻为变异型。

（五）栽培品种（第五级）

主要分类依据是各种栽培品种具有不同的性状。区别方法是按照形态特性和栽培特点来区分。

第三节 ▶
中国栽培稻种的系统分类标准

一、籼粳亚种的分类标准

（一）分类依据

（1）籼×粳→F_1结实率。

（2）血清反应。

（3）碳酸反应。

（二）籼粳亚种在形态生理上的主要区别

籼粳亚种在形态生理上的主要区别如表3-1所示。

表3-1　籼粳亚种在形态生理上的主要区别

项目	籼亚种	粳亚种
叶的形状、色泽、顶叶开张角	叶宽、色淡、顶叶开张角小	叶窄、色浓、顶叶开张角大
叶毛多少	一般多	一般少甚至无
芒的有无或多少	多无芒，有芒时多为短或直生芒	长芒至无芒，且芒呈弯曲状
颖毛	短、稀、散生	长、密且集生于颖棱上
谷粒形状	小且细长，稍扁平，有颖肩	短、宽且厚，横断面呈圆形，无颖肩
脱粒	易	难
碳酸反应	能染色	不能染色

二、早中稻群和晚稻群的分类标准

（一）产生早中晚稻群的原因

我国水稻分布纬度跨度大，加上水稻通过光照阶段要求的光长差异甚大，所以根据我国水稻系统发育上的差异及地理分布上的差异，将其分成四个"型"。

（二）四个"型"（"群"→"型"）

（1）第Ⅰ型为华南晚稻型，对短光照反应显著，13 h以上长光照下不出穗。

（2）第Ⅱ型为长江流域晚稻型，对短光照反应显著，14 h以上长光照不出穗或延迟出穗。

（3）第Ⅲ型为华南早稻和冬稻，对长光照钝感或无感。

（4）第Ⅳ型为长江流域早稻、中稻及北方水稻，对长光照钝感或无感。

三、水稻型和旱稻型的分类标准

水稻型和旱稻型的分类依据为：①旱稻与水稻的水分生理特性差异大；②旱稻与水稻的植物形态学差异甚小；③旱稻和水稻的主要差别在于它们的"抗旱性"；④旱稻和水稻植物形态上的差异为旱稻叶色淡、旱稻叶片宽、旱稻植株粗壮、旱稻米质差。

四、粘稻变种和糯稻变种的分类标准

（一）粘稻变种和糯稻变种的差别

（1）淀粉性质与含量不同。

（2）用途不同。

（二）粘稻变种的特性

（1）直链淀粉含量高。

（2）糊化温度高（难糊化）。

（3）粘稻米粒多透明并且有光泽。

（4）粘稻与I_2-KI溶液反应时呈蓝色。

（三）糯稻变种的特性

（1）支链淀粉含量高。

（2）糊化温度低。

（3）糯稻变种米粒为乳白色。

（4）糯稻在成熟时和成熟未晒干时，米粒呈普通白色；晒干后，水分降低，呈乳白色。

（5）糯稻与I_2-KI溶液反应呈棕红色。

五、中国栽培稻品种的分类标准

中国栽培稻品种分为：籼粳亚种→早中稻群和晚稻群→水稻型和旱稻型→粘变种和糯变种→栽培品种。分类依据为：①各地品种的栽培特性；②各地品种的植物形态特征。

（一）栽培特性的分类标准

1. 熟期性

熟期性由品种对光长、温度的反应所决定。熟期性分类的数据依据为由播种至始穗（10%出穗）的天数。熟期性的划分及分类标准如表3-2至表3-4所示。

熟期性的重要意义：①各地引种的理论依据；②同一地区栽培时，由于栽培条件的影响而对熟期性的变动有一定影响。

一般情况下，南种北引由于光长变长、温度变低导致生育期变长，北种南引由于光长变短、温度变高导致生育期变短。

表3-2　全国各地栽培品种的早中迟熟的划分

品种类型	等级		
	早熟种	中熟种	迟熟种
华南早稻	85 d以下	86～100 d	101 d以上
华南晚稻	80 d以下	81～100 d	101 d以上
长江流域早稻	90 d以下	91～120 d	121 d以上
华北单季稻	100 d以下	101～115 d	116 d以上
东北单季稻	90 d以下	91～110 d	111 d以上

注：上述天数为播种至10%出穗的天数。

表3-3　华南（广东广州）早稻和晚稻的早中迟熟品种的出穗期

品种类型	等级		
	早熟种	中熟种	迟熟种
早稻	6月5日前	6月6日至15日	6月16日以后
晚稻	9月30日前	10月1日至10日	10月11日以后

表3-4　我国早中晚稻群熟期性（出穗期）分类标准

品种	类别	等级	分类标准
籼稻	早稻群、中稻群	早熟种	比"南特号"早或迟而不超过7 d的
		中熟种	比"胜利籼"早或迟而不超过7 d的
		迟熟种	比"胜利籼"迟7 d以上的
	晚稻群	早熟种	比"浙场9号"早或迟而不超过10 d的
		中熟种	比"齐眉"早或迟而不超过10 d的
		迟熟种	比"齐眉"迟10 d以上的
粳稻	早稻群、中稻群	早熟种	比"有芒早粳"或"元子2号"早或迟而不超过7 d的
		中熟种	比"水原300粒"早或迟而不超过7 d的
		迟熟种	比"水原300粒"迟7 d以上的
	晚稻群	早熟种	比"老来青"早或迟而不超过10 d的
		中熟种	比"布丁"早或迟而不超过10 d的
		迟熟种	比"布丁"迟10 d以上的

2. 抗逆性

（1）耐阴性。耐阴性由水稻叶色深浅决定，叶色深者耐阴性强，浅者耐阴性弱。所以粳稻的耐阴性强于籼稻，原产于山谷间和高山梯田内的品种耐阴性强。

（2）耐冷性。籼稻"寒露风"的危害指标：$t \leqslant 23℃$、连续3 d；干寒露风——RH低，湿寒露风（下雨）——RH高。

籼稻苗期耐冷性鉴定的处理：①3叶期时人工低温处理5 d；②低温处理t指标为日最高$t = 12.5℃$，日平均$t = 8.5℃$，日最低$t = 5.5℃$；③低温处理RH $\geqslant 75\%$（模拟华南早春湿冷烂秧天气）；④光照强度，6:00—8:00为1 000 lx，9:00—15:00为2 000 lx，16:00—18:00为1 000 lx。

植株受害调查标准：①1级，正常；②3级，叶色正常，少量叶片萎蔫，生长仍正常；③5级，叶片大部分萎蔫，植株中度矮缩；④7级，植株100%死亡。

结果：①耐冷性在籼、粳间有差异，总体而言是粳强于籼，粳型糯稻耐冷性最强→粳稻耐冷性强→早籼耐冷性弱→晚籼耐冷性最弱；②同类型品种间，早稻品种强于晚稻品种；③早稻品种的耐冷性在苗期强；④晚稻品种的耐冷性在开花期强。

（3）耐热性。耐热性分为普通和耐热两种类型。类型间一般为籼稻耐热性较强。

（4）耐旱性。水稻群和旱稻群之间差异大。水稻群和旱稻群的耐旱性均可分为普通、耐旱两种类型。耐旱性一般与耐冷性呈正相关。

（5）耐涝性。耐涝性分为普通、耐涝两种类型。深水稻耐涝性最强。

3. 耐酸性、耐盐碱性

（1）耐酸性分为普通、耐酸两种类型。水稻比其他谷类作物的耐酸性强，种在山谷间的水稻品种耐酸性较强。

（2）耐盐碱性分为普通、耐盐碱两种类型。栽培于沿海稻田的水稻耐盐碱性强。

4. 抗倒伏性

抗倒伏性一般与耐肥性呈正相关。茎粗、秆壁厚、节间短、株形紧凑、叶片短直的稻种抗倒伏性强（此处专指形态，不包括生理）。一般粳稻的上述形态特征特性优于籼稻，所以粳稻的抗倒伏性比籼稻强。

5. 抗病性和"避虫性"

（1）抗病性。一般籼稻的抗病性（抗稻瘟病）比粳稻强。抗病性一般因地区而异。引种时原产地的抗病性至异地时常常发生改变。抗病性除因品种而异外，不同生育期（苗期、花期）亦有不同。

（2）"避虫性"。"避虫性"的原理是利用水稻熟期性的原理而进行避虫，例如利用迟播迟插规避广东珠江三角洲地区的"三化螟"危害，可减少喷药次数和用量，既环保又可以节省人工和农药成本。

6. 株高、茎粗和茎节数

（1）株高。株高的定义是地面至主茎穗顶的高度。一般情况下株高与熟期性呈正相关，所以早稻早熟种植株较矮，迟熟种较高。株高与抗倒伏性直接相关；株高受栽培条件的影响甚大，例如拔节时晒田；株高受土地肥力和施肥量多少的影响也很大。

广州地区水稻株高分级标准（实测早稻2 871个品种，晚稻2 334个品种）：①早稻，株高大于150 cm为"高"，株高120～150 cm为"中"，株高小于120 cm为"矮"；②晚稻，株高大于135 cm为"高"，株高115～135 cm为"中"，株高小于115 cm为"矮"。

全国株高的分级标准：株高大于141 cm为"高"，株高111～141 cm为"中"，株高小于111 cm为"矮"。

（2）茎粗。茎粗以测定地上第2节间的直径为准。茎粗和茎软硬对抗倒伏性有很大影响。

全国茎粗的分级标准：茎粗大于6.1 mm为"粗"，茎粗4.0～6.1 mm为"中"，茎粗小于4.0 mm为"细"。

（3）茎节数。茎节数与品种熟期性有关，例如早熟品种的茎节数少于迟熟品种；生长期越长的品种茎节数一般越多，而生长期越短的品种茎节数则越少。

分级标准以"节数"为准计算；一般茎节数在10～18个。

7. 有效分蘖数

有效分蘖数的影响因子：①籼稻分蘖数多于粳稻；②受栽培条件影响大；③栽插密度和施肥量对有效分蘖数影响很大。

全国有效分蘖数的分级标准（实测早稻1 245个品种，晚稻1 362个品种）：①早稻，有效分蘖数大于12为"多"，有效分蘖数8～12为"中"，有效分蘖数小于8为"少"；②晚稻，有效分蘖数大于16为"多"，有效分蘖数10～16为"中"，有效分蘖数小于10为"少"。

8. 穗长、穗重、每穗粒数

穗长、穗重、每穗粒数是产量构成的重要因素，以下穗长、穗重、每穗粒数为测定2 781个品种所得的数据。

（1）穗长。穗长以测定主茎穗基节至穗顶（芒除外）的长度为准。

全国水稻穗长的分级标准：穗长大于25 cm为"长"，穗长20～25 cm为"中"，穗长小于20 cm为"短"。

（2）穗重。穗重以主穗的重量为准。

全国穗重的分级标准：穗重大于3.5 g为"重"，穗重3.0～3.5 g为"中"，穗重小于3.0 g为"轻"。

（3）每穗粒数。每穗粒数以主穗总粒数为准。

全国每穗粒数的分级标准：每穗粒数大于150粒为"多"，每穗粒数100～150粒为"中"，每穗粒数小于100粒为"少"。

9. 脱粒性

脱粒性的难易由穗蒂部与小穗梗间的离层发育程度来决定。脱粒性影响机械脱粒的难易和自然落粒，从而影响收获产量。

全国脱粒性的分级标准：用手轻揉，与对照品种对比，落粒少为"难"，落粒多为"易"，介于两者之间为"中"。

10. 谷粒形状、千粒重，糙米长短、长宽比

（1）谷粒形状。谷粒形状分类标准（测定1 894个品种）如表3-5所示。在5种谷粒形状中，籼稻多为椭圆形，粳稻多为阔卵形。

表3-5　谷粒形状分类标准

谷粒形状	分类标准	代表品种	亚种类别	原产地
阔卵形	内外颖凸	老来青	粳	江苏
短圆形	内外颖甚凸	台农10号	粳	台湾
椭圆形	内外颖微凸	南特号	籼	江西
直背形	内颖微凸和外颖凸	金凤雪	籼	广东
平行或新月形	两边平行或内颖微凸或直和外颖微凸或直	坳番丁	籼	湖南

（2）千粒重。千粒重与产量的关系密切。

全国千粒重的分级标准（测定3 909个品种）：千粒重大于28 g为"重"，千粒重24～28 g为"中"，千粒重小于24 g为"轻"。

（3）糙米长短。米粒长短测定方法是以10粒米的平均长度来计算。一般籼稻糙米粒长大于粳稻，籼稻糙米粒长6.00 mm以上者占多，一般粳稻糙米粒长5.50 mm以下。米粒长短的分级标准（测定3 432个籼稻和101个粳稻品种）如表3-6所示。

表3-6　米粒长短的分级标准

等级	长度/mm	籼亚种	籼亚种原产地	粳亚种	粳亚种原产地
最长	≥7.01	暹罗粘	珠江流域	巴县寸糯	四川
长	6.51～7.00	坳番丁	湖南	无皮早粳	珠江流域
中	6.01～6.50	水白条	四川	泗泾绿种	江苏
短	5.51～6.00	南特号	江西	10509	浙江
最短	≤5.50	恶打粘	珠江流域	卫国	辽宁

（4）糙米长宽比。全国糙米长宽比的分级标准（实测3 523个品种的结果）如表3-7所示。

表3-7　全国糙米长宽比的分级标准

等级	长宽比	籼亚种	籼亚种原产地	粳亚种	粳亚种原产地
最窄	≥3.01	丝苗	珠江流域	彰明云南谷	四川
窄	2.61～3.00	冬粘	湖南	城口三颗寸	四川
中	2.11～2.60	粘谷早	湖南	广东粳稻	珠江流域
阔	1.81～2.10	田基度	珠江流域	老来青	江苏
最阔	≤1.80	—	—	飞来凤	江苏

11. 米色、米香、米质

（1）米色。野生稻为"红色"。现代栽培稻有红色、黄色、紫色，但是大部分为普通白色。

（2）米香。一般粳稻的米香比籼稻浓郁。一般籼粳稻栽培品种中均存有米香浓郁的品种。

（3）米质。米质包括外观品质、食味品质和营养品质。

外观品质的分级标准：①粉质米，米粒腹部横断面的腹白、心白超过1/2；②半玻璃质米，米粒腹部横断面的腹白、心白为1/2；③玻璃质米，米粒腹部横断面的腹白、心白小于1/2。

营养品质包括糙米蛋白质含量、直链和支链淀粉含量、抗性淀粉含量。

（二）植物形态特征的分类标准

水稻品种的植物形态特征大致分为：叶色浓度，叶毛，茎叶色，顶叶长短、大小、开张角，叶形弯直，茎集散，穗颈长短，穗形弯直和穗枝集散，小穗单粒或复粒，芒，正常护颖与长护颖，颖毛，柱头色，颖尖色，护颖色，颖色共计16类。

1. 叶色浓度

粳亚种叶色较浓、籼亚种较淡。同为粳亚种，分布在北方的比南方的叶色要浓，这是地域间温度、光照差异导致的。叶色浓淡还受栽培条件（主要为施肥）、同一品种生育阶段及早稻翻秋的影响。叶色浓淡和病虫害的感受性有关联。

我国水稻叶色的分类标准：①"浓"的代表品种为"北粳水源300粒"；②"中"的代表品种为"嘉南2号"（粳）、"南特号"（籼）；③"淡"的代表品种为"背子谷"（粳）、"东莞白"（籼）；④"最淡"的代表品种为"齐眉""艮粘"（籼）。

2. 叶毛

叶毛形状为针状的占大多数，极少数为钩状。

叶毛的分布绝大多数集中在中肋附近，极少数分布在叶片各部位。一般叶缘不生茸毛。同一叶片上不同部位着生的茸毛也有不同。不同品种的茸毛分布不同。一般叶面茸毛和叶背茸毛分布大致一致，但叶背的茸毛比叶面的短，散生于基部或中部、着生于顶部的多为长毛。

全国叶毛的分级标准（根据观察3 215个品种的结果）如表3-8所示。

表3-8　全国叶毛的分级标准

等级	叶面茸毛	叶背茸毛
无	叶面无毛	叶背无毛
疏	叶面中部茸毛较疏	叶背中部基部茸毛较疏
中	基部中部生有茸毛，且基部向顶端递减	基、中部较密
密	基部中部密生茸毛	基、中部密生茸毛

3. 茎叶色

根据叶片、叶缘、叶枕、叶耳、叶舌、叶鞘内、叶鞘外、茎部的花青素状况进行分类（共计22项），全国茎叶色型的分类标准（根据观察4 274个品种的结果）如表3-9所示。

由于花青素随发育阶段的不同而不同，所以调查时期很重要。芽鞘、叶鞘、叶脉、叶耳、叶舌、叶枕、叶节、节间、横隔壁等的花青素含量变化不大，故可在该色显现最显著时间内进行调查。芽鞘内花青素因出现的时间很短，所以要在出现后不久即进行调查。叶鞘色以分蘖后期至拔节伸长期观察最佳。叶腋色应分2次观察（分蘖后期和伸长后期），其间叶色会转浓。叶枕、叶缘在分蘖后、伸长前期花青素含量最明显。叶节、节间、横隔壁颜色则在开花后至乳熟期才固定。叶舌颜色在各生育时期均显现，但以分蘖后期至拔节伸长时期较明显。叶舌边缘颜色观察较困难，所以选准生育时期很重要。

表3-9　全国茎叶色型的分类标准

色型	叶片	叶缘	叶枕	叶耳	叶舌	叶鞘外	叶鞘内	茎部
1	无	紫	紫	紫	紫	紫	紫	无
2	无	紫	紫	紫	无	紫	紫	无
3	无	紫	紫	紫	紫	紫	紫	紫
4	无	紫	紫	紫	无	紫	紫	紫
5	无	无	紫	紫	无	紫	紫	无
6	无	紫	紫	深紫	无	紫	紫	无
7	无	无	紫	紫	无	紫	紫	紫
8	无	紫	无	无	紫	紫	紫	无
9	无	紫	无	无	紫	紫	紫	无
10	无	紫	无	无	紫	紫	紫	紫
11	无	紫	无	无	无	紫	紫	紫
12	全部无色，只有颖端紫色							
13	无	无	无	无	无	无	紫	无
14	无	无	无	无	无	紫	紫	无
15	紫	无	紫	紫	紫	紫	紫	无
16	无	无	无	无	无	紫	紫	无
17	无	无	无	无	无	紫	紫	无
18	无	紫	紫	紫	紫	紫	紫	无
19	无	紫	紫	紫	紫	紫	紫	紫
20	紫	紫	紫	紫	紫	紫	紫	紫
21	无	紫	无	无	无	紫	紫	无
22	无	紫	紫	紫	无	无	紫	无

4. 顶叶长短、大小、开张角

顶叶长短的分级标准（测定早稻2 237个与晚稻3 009个，共计5 246个品种）：①早稻，顶叶长34.9 cm以上为"长"，顶叶长25.0～34.9 cm为"中"，顶叶长25 cm以下为"短"；②晚稻，顶叶长34.9 cm以上为"长"，顶叶长25.7～34.9 cm为"中"，顶叶长25.7 cm以下为"短"。

顶叶宽度的分级标准（测定早稻2 237个与晚稻3 009个，共计5 246个品种）：顶叶宽1.7 cm以上为"宽"，顶叶宽1.2～1.7 cm为"中"，顶叶宽1.2 cm以下为"窄"。

顶叶开张角的大小与生育期有关，乳熟期为最佳测定时期。全国水稻籼粳亚种顶叶开张角比较（根据观察3 145个品种的结果）如表3-10所示。

表3-10　全国水稻籼粳亚种顶叶开张角比较

类别	亚种	等级		
		小（≤29°）/%	中（30°～59°）/%	大（≥60°）/%
早稻	籼	50.5	37.6	11.9
	粳	45.1	45.1	9.8
晚稻	籼	28.9	38.8	32.3
	粳	12.4	50.7	36.9

5. 叶形弯直

叶形受品种和栽培影响甚大，一般叶形硬直者易抗倒伏。

叶形弯直的分级标准：叶基部起弯垂超过半圆为"弯"，叶基部起弯垂呈弧形为"中"，叶片直立如"广西矮仔占"为"直"。

6. 茎集散

茎集散是主茎与分蘖间的集散，一般"散"的不利于密植和抗倒伏。

各类品种茎集散度的比较（测定3 779个品种）及全国红米、

白米品种的茎集散比较如表3-11和表3-12所示。晚稻散生型多于早稻。红米品种散生型多于白米品种，这与栽培习惯的精细度、野生稻接近程度有关。

表3-11　各类品种茎集散度的比较

类型	原产地	集/%	中/%	散/%
早稻	珠江流域	24.84	42.23	32.93
	长江流域	33.57	36.34	30.09
	小计	28.76	39.59	31.65
晚稻	珠江流域	20.44	29.86	49.70
	长江流域	3.18	40.45	56.37
	小计	17.97	31.38	50.65
合计		24.37	36.25	39.38

表3-12　全国红米、白米品种的茎集散比较

米色	集/%	中/%	散/%	品种数
红米品种	8.53	25.19	66.28	258
白米品种	25.54	37.06	37.40	3 521

7. 穗颈长短

穗颈长短为自主穗顶叶叶枕至穗基节之间的长度，是品种显著的形态特性之一。凡顶叶比穗长、与穗梗之间开张角较小的品种，一般穗颈较短、茎秆也较强健。穗颈过短者往往发生"包颈"现象令产量受损。

穗颈长短的分级标准（测定2 311个品种）：穗颈长大于8.5 cm为"长"，穗颈长2.2～8.5 cm为"中"，穗颈长小于2.2 cm为"短"。

8. 穗形弯直和穗枝集散

穗形弯直的分级标准（测定3 563个品种）：①穗轴不呈弧状的为直生型；②近穗端弯的为垂头型；③全穗斜弯的为弧形；④由穗基部起弯成半圆的为半圆形；⑤近穗基弯下的为弯形。

穗形弯直与枝梗的强弱关系较大，与穗长也有关系，一般穗长

长的多为弯形。穗形弯直与粒数、粒重、着粒密度也有关系。穗形测定时期为蜡熟初期、顶叶尖发黄枯时、穗轴淡绿色时。

穗枝集散的分级标准：①穗枝与穗粒贴近穗轴为"集"；②枝梗角度≤25°，全穗枝梗较集为"中"；③枝梗角度＞25°，各枝梗疏开为"散"；④枝梗角度近90°，分散于周围为"披散"。

穗枝集散与枝梗的强弱也有一定关系。

9. 小穗单粒或复粒

在栽培稻内，一般为每个颖花只有一粒米，即单粒；个别品种每个颖花内有2个或2个以上雌蕊形成的"复粒稻"，其内米粒小而欠圆整，一般经济价值不大。

10. 芒

粳亚种的芒多于籼亚种，芒长也长于籼亚种。长在深水田、咸水田的不论籼亚种还是粳亚种多为长芒品种。低温下无芒品种也会长出芒来。

全国芒"有无"的分级标准：①完全无芒或主穗中有芒，粒数≤10.0%为"无芒"；②主穗有芒，粒数为10.1%～30.0%为"少芒"；③主穗有芒，粒数为30.1%～70.0%为"中芒"；④主穗有芒，粒数＞70.0%为"多芒"。

全国水稻芒"长短"的分级标准：①芒长≤1.0 cm为"微芒"；②芒长1.1～3.0 cm为"短芒"；③芒长3.1～6.0 cm为"中芒"；④芒长≥6.1 cm为"长芒"。

11. 正常护颖与长护颖

在栽培稻中长护颖的品种所占比例不多，且与栽培关系不大，所以在分类上的位置并不重要。

12. 颖毛

籼粳亚种的颖毛分布有非常明显的不同之处。籼亚种一般为"散型"，在内外颖散生短小茸毛；粳亚种一般为"集型"，由基部向顶部递增，有时差别2～3倍。

全国栽培稻颖毛疏密的分级标准：①颖光滑无毛为"颖毛无"；②中部颖毛分布疏为"颖毛疏"；③中部颖毛分布中等为"颖毛中"；④中部颖毛分布密为"颖毛密"。

全国栽培稻颖毛"集散"的分级标准：①颖毛集生于棱上为"颖毛集"；②颖毛散生于颖面为"颖毛散"。

13. 柱头色

柱头色有无区别明显，且与颖尖色明显相关（共观察测定4 851个品种）。柱头色分为无色、红色和紫色。柱头色以开花期最为明显，此期为最佳观察期。

14. 颖尖色

颖尖色常因成熟度不同而有变化，因而观察的时期始于开花期→乳熟期→蜡熟期→完熟期。

颖尖色的分级标准（共观察测定3 784个品种）：①秆黄色，蜡熟期绿色转为褐黄色，开花结实各期中都不呈特别颜色；②褐色，开花期紫红色，以后转紫色，蜡熟期由紫色转为褐色；③延展褐色，开花期淡土黄色，蜡熟期褐色，并延展至颖的先端部；④淡黑褐色，开花期紫红色，蜡熟期转褐色，枯熟期色变淡；⑤黑褐色，开花期至枯熟期均呈黑褐色。

15. 护颖色

99%品种的护颖色为秆黄色。扩颖色的发育亦因成熟度而发生变化。

护颖色的分级标准（共观察测定4 184个品种）：①秆黄色，蜡熟期由绿色转为秆黄色，99%的品种属此；②淡黄栗色，开花期绿色→乳熟期淡红色→蜡熟期淡黄栗色；③淡褐色，蜡熟期由绿色转褐→完熟期呈淡褐色；④紫褐色，初期深紫色→蜡熟期转紫色→枯熟期褐色；⑤部分淡红色，蜡熟期秆黄色→上部呈现淡红色，以后不褪色；⑥部分黄褐色，开花期绿色→蜡熟期紫色部分转为黄褐色→枯熟期全秆黄色。

16. 颖色

颖色在品种间也有明显区别，而且在其发育过程中也有很多变化，所以分类时除根据成熟的颖色类别外，还必须就其发育过程的不同而加以区别。

按Regway的颜色标准所用术语来命名，各种色型的分类由"秆黄色"至"熟黑色"共分26种颖色型。颖色以无色类型多。早稻的颖色较晚稻类型多且色较浓。晚稻以较多的黑褐色、淡黄褐色、深黄褐色的花青素类型出现。

第四节 ▶
中国栽培稻种系统分类法的应用

一、系统分类法的应用

（一）分类依据

通过系统地研究我国栽培稻种的特征特性，根据栽培稻种的系统发育过程和有关栽培条件而进行。

（二）分类方法

第一级：籼粳亚种特性，广泛分布于垂直高度和高低纬度不同的品种类型其特征特性和当地气候条件（特别是气温）的关系。

第二级：早中晚稻群的特性，高温地区全年各个季节、低温地区的高温季节的品种类型与该地区、该季节的气候条件（特别是日照长短）密切相关。这是南北引种的最基本理论依据。

第三级：水稻型、旱稻型的关系，稻的植物器官组织对水旱环境条件的特殊适应性。

第四级：粘稻与糯稻的关系，我国现有品种在自然选择和人工选择及将来选种的发展，对品种选育和栽培均有深远的意义。

第五级：栽培品种。

（三）分类意义与作用

通过归类研究，可令各地数目繁多的栽培稻种的特征特性易于掌握。可为引种换种和因地制宜提供具体的研究依据。对于品种选育中的亲缘关系疏、近及后代选汰有指导作用。

二、变种分类检索表

根据五级分类法的分类方式，中国栽培稻种分为：①2个亚种（subspecies）；②4个群；③8个型；④16个变种；⑤许多栽培品种。变种分类检索如表3-13所示。

表3-13　变种分类检索表

亚种1. 籼（*O. sativa* L. subsp. *hsien* Ting）——粒形狭而扁平，颖毛短而少

　群1. 晚稻——在大田栽培时，通过光照阶段期间的日照时数≤14 h

　　型1. 水稻——在水田栽培

　　　变种1. 粘稻——米黏性，米色透明 ………… 第1变种（代表品种"齐眉"）

　　　变种2. 糯稻——米糯性，米色乳白 ………… 第2变种（代表品种"小糯"）

　　型2. 旱稻——在旱地栽培

　　　变种1. 粘稻——米黏性，米色透明 ………… 第3变种（代表品种"秋其仔"）

　　　变种2. 糯稻——米糯性，米色乳白 …………第4变种（无代表品种）

　群2. 早中稻——在大田栽培时，通过光照阶段期间不受日照长短的限制

　　型1. 水稻——在水田栽培

　　　变种1. 粘稻——米黏性，米色透明 ………… 第5变种（代表品种"南特号"）

　　　变种2. 糯稻——米糯性，米色乳白 ………… 第6变种（代表品种"细糯"）

　　型2. 旱稻——在旱地栽培

　　　变种1. 粘稻——米黏性，米色透明 ………… 第7变种（代表品种"坡禾"）

　　　变种2. 糯稻——米糯性，米色乳白 ………… 第8变种（代表品种"仁化旱稻"）

亚种2. 粳（*O. sativa* L. subsp. *keng* Ting）——粒形宽而厚，颖毛长而密

　群1. 晚稻——在大田栽培时，通过光照阶段期间的日照时数≤14 h

　　型1. 水稻——在水田栽培

　　　变种1. 粘稻——米黏性，米色透明 ………… 第9变种（代表品种"老来青"）

　　　变种2. 糯稻——米糯性，米色乳白 ………… 第10变种（代表品种"东圃糯"）

　　型2. 旱稻——在旱地栽培

　　　变种1. 粘稻——米黏性，米色透明 ………… 第11变种（代表品种"三禾粳"）

　　　变种2. 糯稻——米糯性，米色乳白 ………… 第12变种（代表品种"三栏糯"）

　群2. 早中稻——在大田栽培时，通过光照阶段期间不受日照长短的限制

　　型1. 水稻——在水田栽培

　　　变种1. 粘稻——米黏性，米色透明 …………第13变种（代表品种"有芒早粳"）

　　　变种2. 糯稻——米糯性，米色乳白 …………第14变种（代表品种"红头糯"）

　　型2. 旱稻——在旱地栽培

　　　变种1. 粘稻——米黏性，米色透明 ………… 第15变种（代表品种"客东旱稻"）

　　　变种2. 糯稻——米糯性，米色乳白 ………… 第16变种（代表品种"英德大糯"）

三、栽培品种分类的特征特性项目

（一）栽培特性分类项目

栽培特性分类如表3-14所示。

表3-14　栽培特性分类项目

分类编号	类别	分类编号	类别
01.0	熟期	12.3	矮秆种
01.1	熟期早	13.0	茎秆粗细
01.2	熟期中	13.1	粗秆种
01.3	熟期迟	13.2	中秆种
02.0	耐阴性	13.3	细秆种
03.0	耐寒性	14.0	主茎节数
04.0	耐热性	15.0	有效分蘖多少
05.0	耐旱性	15.1	有效分蘖多
06.0	耐涝性	15.2	有效分蘖中
07.0	耐酸性	15.3	有效分蘖少
08.0	耐盐碱性	16.0	穗长
09.0	抗倒伏性	16.1	长穗种
09.1	抗倒伏性强	16.2	中穗种
09.2	抗倒伏性中	16.3	短穗种
09.3	抗倒伏性弱	17.0	穗大小
10.0	抗病性	17.1	大穗种
10.1	抗病性强	17.2	中穗种
10.2	抗病性弱	17.3	小穗种
11.0	避虫性	18.0	穗粒数
12.0	株高	18.1	穗粒多
12.1	高秆种	18.2	穗粒中
12.2	中秆种	18.3	穗粒少

续表

分类编号	类别	分类编号	类别
19.0	脱粒性	23.0	米粒长宽比
19.1	脱粒难	23.1	最窄粒种
19.2	脱粒中	23.2	窄粒种
19.3	脱粒易	23.3	中粒种
20.0	谷粒形状	23.4	阔粒种
20.1	粒阔卵圆	23.5	最阔粒种
20.2	短粒圆形	24.0	米色
20.3	粒椭圆形	24.1	白色米
20.4	粒直背形	24.2	红色米
20.5	粒平行或新月形	24.3	黄色米
21.0	谷粒粒重	24.4	紫色米
21.1	重粒型	25.0	米香
21.2	中粒型	25.1	普通米
21.3	轻粒型	25.2	香米
22.0	米粒长短	26.0	米质
22.1	最长粒种	26.1	粉质米
22.2	长粒种	26.2	半玻璃质米
22.3	中粒种	27.0	米沟深浅
22.4	短粒种	27.1	深沟米
22.5	最短粒种	27.2	浅沟米

（二）形态特征分类项目

形态特征分类如表3-15所示。

表3-15 形态特征分类项目

分类编号	类别	分类编号	类别
01.0	叶色浓淡	04.10	茎叶色型10
01.1	叶色浓	04.11	茎叶色型11
01.2	叶色中	04.12	茎叶色型12
01.3	叶色淡	04.13	茎叶色型13
01.4	叶色最淡	04.14	茎叶色型14
02.0	叶面茸毛	04.15	茎叶色型15
02.1	叶面茸毛密	04.16	茎叶色型16
02.2	叶面茸毛中	04.17	茎叶色型17
02.3	叶面茸毛疏	04.18	茎叶色型18
02.4	叶面无毛	04.19	茎叶色型19
03.0	叶背茸毛	04.20	茎叶色型20
03.1	叶背茸毛密	04.21	茎叶色型21
03.2	叶背茸毛中	04.22	茎叶色型22
03.3	叶背茸毛疏	05.0	顶叶长短
03.4	叶背无毛	05.1	顶叶长
04.0	茎叶色型	05.2	顶叶中
04.1	茎叶色型1	05.3	顶叶短
04.2	茎叶色型2	06.0	顶叶宽度
04.3	茎叶色型3	06.1	顶叶宽
04.4	茎叶色型4	06.2	顶叶中
04.5	茎叶色型5	06.3	顶叶窄
04.6	茎叶色型6	07.0	顶叶开张角
04.7	茎叶色型7	07.1	顶叶开张角大
04.8	茎叶色型8	07.2	顶叶开张角中
04.9	茎叶色型9	07.3	顶叶开展角小

续表

分类编号	类别	分类编号	类别
08.0	叶形弯直	14.1	多芒
08.1	叶形弯	14.2	中芒
08.2	叶形中	14.3	少芒
08.3	叶形直	14.4	无芒
09.0	茎集散	15.0	芒长短
09.1	茎集生	15.1	长芒
09.2	茎中生	15.2	中芒
09.3	茎散生	15.3	短芒
10.0	穗颈长短	15.4	微芒
10.1	穗颈长	16.0	护颖长短
10.2	穗颈中	16.1	正常
10.3	穗颈短	16.2	护颖长
10.4	包颈	17.0	颖毛疏密
11.0	穗形	17.1	颖毛密
11.1	穗直生形	17.2	颖毛中
11.2	穗垂头形	17.3	颖毛疏
11.3	穗弧形	17.4	颖毛无
11.4	穗正常形（半圆形）	18.0	颖毛集散
11.5	穗弯形	18.1	颖毛集
12.0	穗枝集散	18.2	颖毛散
12.1	穗枝集	19.0	柱头色
12.2	穗枝中	19.1	柱头紫
12.3	穗枝散	19.2	柱头红
12.4	穗枝披散	19.3	柱头无色
13.0	单粒或复粒	20.0	颖尖色
13.1	单粒	20.1	秆黄色
13.2	复粒	20.2	褐色
14.0	芒有无	20.3	延展褐色

续表

分类编号	类别	分类编号	类别
20.4	淡黑褐色	22.9	颖沟淡橙黄色
20.5	黑褐色	22.10	颖淡褐黄色
21.0	护颖色	22.11	颖全淡橄榄色
21.1	秆黄色	22.12	颖沟淡橄榄色
21.2	淡黄栗色	22.13	颖沟深橄榄色
21.3	淡褐色	22.14	颖褐斑色
21.4	紫色	22.15	颖原赭色
21.5	部分淡红色	22.16	颖沟褐赭色
21.6	部分黄褐色	22.17	颖褐色
22.0	颖色	22.18	颖带状淡黑褐色
22.1	秆黄色	22.19	颖淡黄褐色
22.2	暗黄色	22.20	颖深黄褐色
22.3	银灰色	22.21	颖褐色
22.4	黄色	22.22	颖沟淡褐色
22.5	玉米黄色	22.23	颖紫褐色
22.6	颖褐秆斑黄色	22.24	颖深褐色
22.7	颖中部褐秆斑黄色	22.25	颖沟灰褐色
22.8	颖杏黄色	22.26	颖熟黑色

第四章

中国水稻品种的光温生态试验研究

第一节 ▶
试验研究的基本情况

　　丁颖是中国水稻品种光温反应理论的创建者。1961—1964年，中国水稻品种的光温生态试验研究由丁颖主持，中国农业科学院–华南农学院–广东省农业科学院水稻生态研究室、华南农学院、广东省农业科学院、广东省崖县（现海南省三亚市）农业科学研究所、云南省农业科学研究所（院）、云南省红河州农业科学研究所、云南省元江县农业推广站、湖南省农业科学院、中国农业科学院江苏分院、河北省天津（现天津市）稻作研究所、吉林省农业科学院、新疆维吾尔自治区农业科学院米泉水稻试验站参加。

　　1965年，由中国农业科学院–华南农学院–广东省农业科学院水稻生态研究室写出初稿。

　　1974年，各参试单位对总结初稿进行讨论修改。1976年11月，由"水稻光温生态研究协作组"完成《中国水稻品种的光温生态》的试验研究总结报告。

第二节 ▶
中国水稻品种光温反应研究的意义

一、国内外光温反应研究概况

（一）国内研究概况

水稻是短日性喜温作物，日照长度和温度是生长发育的支配因子。

我国劳动人民在长期的生产实践中认识和掌握了水稻光温反应特性，并广泛地应用于生产实践，明确了：①早稻可作晚稻使用（翻秋）；②晚稻不可作早稻使用；③早稻长秧龄容易"早穗"；④晚稻长秧龄可以早晚稻间作，也可以早晚稻混作。

我国水稻光温生态研究成果包括：①初步明确了各类品种"出穗期"与日照长度、临界光长、日长趋势的关系；②初步明确了各种品种"出穗期"与温度指标、积温、品种耐冷性的关系；③按照品种光温反应强弱对水稻进行定级分类。

（二）国外研究概况

主要是日本对于粳稻的感光性和感温性做了比较深入的研究，并在稻作界首先提出了"基本营养生长性"的概念。

（三）研究短板

在研究内容方面：①研究水稻品种的感光性较多，研究水稻品种的感温性和基本营养生长性较少；②研究品种感光性、感温性、基本营养生长性（三性）之间的关系更少；③研究不同原产地品种形态、生理特性的差别较多，而从生态的角度阐明品种光温反应特性的形成与生态条件的关系较少，因此就无法为进一步改造品种的熟期性提供理论依据；④对水稻品种光温反应特性的类型划分标准不一，导致划分的类型时多时少；⑤对我国的中稻、冬稻、高原稻种的光温反应既缺乏深入了解，在分类上又没给予其应有位置；⑥对我国水稻品种的熟期性分类缺乏全国统一的标准，基本上还是沿用各地惯行的分类方法；⑦对全国水稻品种各气候生态型的特点缺乏系统的认识。上述方面常常导致在引种、选育种、品种资源的利用上不能适应生产发展要求。

在研究方法方面：①采用的供试品种数量不足或较少，无法反映全国大量品种的光温生态特征特性；②试验地点数量不足，无法反映我国千差万别的水稻生态条件差异。上述方面常常导致试验所得结论具有局限性和片面性。

二、研究水稻品种光温反应特性的意义

水稻是全球50%以上人口的主粮，据联合国粮食及农业组织（FAO）统计，2020年全球稻谷播种面积为1.642亿hm^2、总产量为7.57亿t，但单位面积产量仅4.61 t/hm^2。我国65%以上的人口以大米为主食，据国家统计局年度统计数据显示：2017年全国水稻播种面积为0.30亿hm^2，稻谷总产量2.12亿t，单位面积产量为7.07 t/hm^2，虽比全球平均单位面积产量要高，但随着当前"人增地减"的严峻局面发展，对稻米需求的缺口会越来越大。为确保粮食安全，"把中国人的饭碗牢牢端在自己手中"，提高水稻产量，尤其是单位面积产量，就成为全国水稻科研工作者迫切需要解决的问题，而水稻品种选育与利用是提高单位面积产量有效的途径之一。水稻光温反应特性是水稻在自然进化和人类长期驯化过程中逐步适应种植区域和生长季节的环境温度和光照条件而形成的。水稻的光温生态对水稻育种、引种和栽培，以及对农业研究和农业实践有重要意义。因此，研究水稻品种光温反应特性的科学意义巨大。

第三节 ▶
中国水稻品种光温反应研究的目标与方法

一、研究目标

（1）研究分析中国水稻各类型品种的光温反应特性，为育种、引种、栽培与耕作、进一步利用品种资源提供理论支撑。

（2）研究中国水稻品种的光温反应特性，做出水稻品种的"全国性熟期分类"。

（3）综合各地带水稻品种的生态特性，划分"我国水稻品种的气候生态型"。

上述3项是具体研究目标，但由于本项试验是水稻生态学的主要基础研究工作，它的任务不仅仅是为研究品种的利用，更重要的是要揭示品种的生态规律——此乃本项研究的综合目标。

二、研究方法

（一）供试品种

从我国不同纬度、不同海拔、不同季节分布的籼粳稻中，选择具有代表性的地方品种157个，它们包括了我国34个地区性熟期类型（表4-1）。

表4-1　全部供试品种的类型、地区性熟期和原产地

编号	品种名称	类型	地区性熟期	原产地
1	夏白18	籼	华南早稻早熟	广东高州
2	早银占	籼	华南早稻早熟	广东番禺
......				
19	雪占	籼	华南冬稻	广东高鹤
20	长沙禾	籼	华南中稻	广东乐昌
......				
25	马坝油占	籼	华南晚稻早熟	广东曲江
......				
90	中农4号	籼	华中中稻	湖南临湘
......				
102	有芒早粳	粳	华中早稻	上海南汇
......				
125	银坊	粳	华北中熟	天津
......				
140	农林11号	粳	东北早熟	黑龙江黑河
......				
157	米泉无芒	粳	西北早熟	新疆米泉

（二）供试地点与数据

共计8个试验点和2个附点（表4-2），代表全国六大稻作带的生态特点。

表4-2　各试点的纬度与海拔

项目	崖县	广州	昆明	长沙	南京	天津	公主岭	米泉	云南附点	
									元江	蒙自
纬度/N	18°20′	23°08′	25°12′	28°13′	32°00′	39°02′	43°31′	44°07′	23°38′	23°20′
海拔/m	6.8	8.8	1 916.0	35.5	8.9	3.5	203.0	600.3	396.6	1 300.0

（三）播植期

各试点按当地季节播种：崖县每年4期，广州每年3期，昆明每

年1期，长沙、南京每年各播2期、天津、米泉、公主岭每年各播1期，上述共计每年播种15期。

不同试点和同一试点不同播期，可以反映出多种不同的光温条件。

（四）移栽规格

播植株行距16.7 cm×10 cm，单株植，每行10株，每品种50株。

（五）田间排列方法

顺序排列（按照地带、类型、熟期），不设重复。

（六）栽培方法

依据当地常规栽培方法，除米泉试点1962年用直播法外，其余均采用育苗移栽。

（七）调查项目

（1）出苗期：50%植株第1片完全叶开始展开。

（2）出穗期：50%植株的主茎出穗。

（3）黄熟期：50%植株的主穗黄熟。

（4）每株穗数。

（5）主穗每穗粒数。

（6）主穗每穗不实粒数。

（7）植株高度（cm）。

另外对32个代表品种进行调查：①主茎总叶片数；②千粒重（g）；③幼穗分化期（50%植株主茎幼穗开始分化）；④生育期间的温度（或根据当地气象台记录）和日照长度（理论日照时数）。

三、试验起止时间

试验共进行3年：1961年为预备试验；1962—1963年为正式试验。

四、辅助试验设置

设置人工控制条件下的辅助试验研究，目的是配合分析自然条件下的试验结果。

辅助试验站点的设置数量为3个。①广州、天津：各地带籼粳稻品种在11 h定光条件下的光温反应特性研究。②广州：水稻品种出穗临界光长的研究。③昆明：水稻品种对温度反应特性的研究。

主试验于1963年基本结束，个别试点的辅助试验于1964年结束。

第四节 ▶
中国水稻品种光温反应研究的结果分析

一、光温条件对水稻品种出穗期的影响

水稻的一生可以划分为营养生长和生殖生长两个阶段。营养生长期：种子发芽至幼穗分化期。生殖生长期：从幼穗分化至成熟。

其意义是：幼穗分化是水稻由营养生长进入生殖生长的转折点，品种必须获得适宜的光温条件才能完成这样的转变，所以通常都以幼穗分化作为品种发育期的重要标准。

从幼穗分化30 d左右出穗，出穗30 d左右成熟，此种情况在水稻品种间的变化（差异）均不大。基于此，可用"出穗期"作为鉴定品种发育期的标准，而且品种出穗期最引人注目，容易鉴别，正确率高，所以试验中用出穗期分析其所得结果。

（一）水稻品种在不同地区和季节出穗期的变化

1. 水稻品种在不同地区出穗期的变化

纬度由低到高时，出穗期缩短。海拔由低到高时，出穗期延长。

2. 水稻品种在不同季节出穗期的变化

（1）早稻品种：在晚季播种时出穗日数缩短。

（2）中稻品种：在早季或晚季播种时出穗日数变化不大。

（3）晚稻品种：早播和迟播的出穗日数差异最大；晚稻早季播种时不能出穗。

3. 水稻品种在不同纬度、海拔、季节出穗期变化的原因

水稻品种的出穗期主要是随地点和季节（光照、温度）条件的变化而变化的。

（1）"短日高温"是中国水稻品种的基本光温型。

（2）低纬度地区晚季的短日高温条件下，无论早中晚稻品种均能出穗，而且出穗日数缩短，出穗期集中。

（3）高纬度地区的长日及相对低温的条件下，对短日要求严格的晚稻品种就不能出穗。

（4）在早季季节生态条件下，即早季的较长日照、较低温度下，晚稻品种不能出穗，只能待到晚季季节生态条件下，满足出穗的光长和温度要求后才能出穗，而且出穗日数增多，出穗期分散。

（二）水稻品种出穗期的连续变异性

我国中部稻区（南京试点）早中晚品种出穗期的从早至迟依次为：早熟品种出穗早；中熟品种出穗中；迟熟品种出穗迟。

上述这种表现出"出穗期"连续变异的原因，与品种系统发育密切相关，可以认为水稻原产于热带，各类型品种不同程度地保持着对"短日高温"这种生态条件要求所致。

二、水稻品种出穗对日长的要求及其适应范围

（一）水稻品种出穗受光温条件影响

水稻是短日照喜温作物，它的出穗受光温条件的影响。早稻品种在晚季播种时（翻秋）均能出穗。晚稻品种在早季播种时，其出穗期与晚季播种十分近似。晚稻南移时出穗日数明显缩短，北移时出穗日数明显延长，甚至临冬也不出穗。

（二）水稻的感光性

纬度相差的两个南北地区（南京播种Ⅰ期与崖县播种Ⅰ期），由于温度条件差异不太大，所以可以看出品种受日照长度影响的程

度，即感光性的强弱。

一般用出穗促进率来求出其感光性。

$$出穗促进率=\frac{南京 I 期的出穗日数-崖县 I 期的出穗日数}{南京 I 期的出穗日数}\times100\%$$

上述计算公式的意义在于：①出穗促进率大，表示短日促进出穗的作用大，即感光性强；②出穗促进率小，表示短日促进出穗的作用小，即感光性弱。

全国水稻品种感光性的分级如表4-3所示。

表4-3 全国水稻品种感光性的分级

感光性级别		短日出穗促进率/%
弱	1	负值～0
	2	0.1～5.0
	3	5.1～10.0
中	4	10.1～15.0
	5	15.1～20.0
	6	20.1～30.0
强	7	30.1～45.0
	8	45.1～60.0
	9	＞60.0

人工控制条件下的水稻品种感光性强弱的测定：在不具备纬度不同地区控温条件下进行水稻品种感光性强弱的测定时，也可在人工控制条件下来测定其感光性，例如1963年，广州试验点11 h定光与自然对照，比较各供试品种11 h定光区与自然对照区出穗日数，用下列公式计算出出穗促进率。

$$出穗促进率=\frac{11 h定光试验的出穗日数-自然对照组的出穗日数}{11 h定光试验的出穗日数}\times100\%$$

中国水稻品种光温试验天津试验点也做了与广州试验点基本相同的研究，所得结果与广州试验点近似；而在人工控制条件下测定的水稻品种感光性级别与两个纬度不同地点（南京播种工期与崖县播种Ⅰ期）测得的数据趋势相同，故而认为在同一地区做定光（遮光）试验测定稻种的感光性是有科学根据的。

当然，除遮光等方法来测定水稻品种的感光性外，近年来随着科学技术的发展，用人工气候箱（室）做定光试验时，除了光照长度外，还应考虑到"光质"和试验成本等诸多方面，一般情况下不宜用人工气候的方法来做水稻品种的感光性测定。

地区性熟期品种感光性的综合评级如表4-4所示。

一般规律为：①早稻的感光性一般属"弱"；②中稻的感光性一般属"弱"→"中"，且其变化幅度大；③晚稻的感光性一般属"强"。

形成上述规律的原因是：①生态条件的长期影响，是自然选择的结果；②耕作制度及栽培技术等的影响，是人工选择的结果。

表4-4 我国不同稻作带品种感光性的综合评级

地带	类型	地区性熟期	品种数/个	不同感光性级别品种数/个								
				弱			中			强		
				1	2	3	4	5	6	7	8	9
华南	籼	早稻早熟	3	2	1							
		早稻中熟	3	1	2							
		早稻迟熟	11	6	3	2						
		冬稻	1	1								
		中稻	5	2	3							
		晚稻早熟	2								2	
		晚稻中熟	14								11	3
		晚稻迟熟	10								2	8
	粳	早稻迟熟	2		1	1						
		一季稻	4							1	3	
		晚稻迟熟	2								2	

续表

地带	类型	地区性熟期	品种数/个	不同感光性级别品种数/个								
				弱			中			强		
				1	2	3	4	5	6	7	8	9
云贵	籼	早熟	1		1							
		中熟	3		1		2					
		迟熟	3								1	2
		冬稻	1	1								
	粳	早熟	1					1				
		中熟	3						2	1		
		迟熟	5							3	2	
华中	籼	早熟	5	3	2							
		中熟	12	1	4	3	1	3				
		迟熟	8							7	1	
	粳	早熟	1					1				
		中熟	3						3			
		迟熟	8							8		
华北	籼	早熟	2	1		1						
		中熟	5	1	1	1	1	1				
		迟熟	3			2		1				
	粳	早熟	5	1	1	3						
		中熟	7		1	1		4	1			
		迟熟	6						6			
东北	粳	早熟	5	5								
		中熟	3	1		1	1					
		迟熟	4			4						
西北	粳	早熟	6	2	3		1					
合　计			157	28	24	19	6	11	12	20	24	13

（三）水稻品种出穗对日长的适应范围

临界光长：当品种超过一定时间的光长而不能出穗时，这个最高限光长称为该品种的临界光长（水稻的基本生态特征是"短日""喜温"作物）。

临界光长的分类：①有明显的出穗临界光长（华南晚稻迟熟籼粳：12 h 50 min～13 h 10 min；华中晚稻粳：13 h 50 min～14 h 10 min）；②没有明显的出穗临界光长（感光性弱的早稻和中稻品种：11 h 30 min～24 h）；③有最适的出穗光长和显著延迟的出穗光长，但没有不能出穗的临界光长，即在一定的光长范围内出穗日数随光长延长而增加，而到达一定光长后则出穗日数反而随着光长延长而缩短。产生第三种情况的原因至今仍值得探讨。

临界光长与感光性之间的关系：①一般而言，水稻品种感光性的强弱与出穗临界光长的长短有关；②感光性强的品种，出穗临界光长要求严格；③感光性弱的品种，出穗临界光长要求不严格，甚至不存在出穗的临界光长；④很多晚粳品种的感光性不如晚籼强，但其出穗的临界光长要求却比晚籼严格。

品种感光性强弱是指短日照条件下促进出穗的程度（用"%"表示）。品种出穗临界光长长短则是在一定温度条件下，品种出穗的最高限光长。

品种的"双重出穗现象"：感光性强的晚稻品种，在早季播种时，由于个体发育之间的差异，有部分个体在它们未获得足够的短日照时间之前，就进入长日环境了，因而出穗受到日长抑制（长日照）而不能出穗，直至延到秋季短日来临满足了其对日照的需求而再次出穗（图4-1）。这种"双重出穗现象"本质上还是与出穗的临界光长相关。

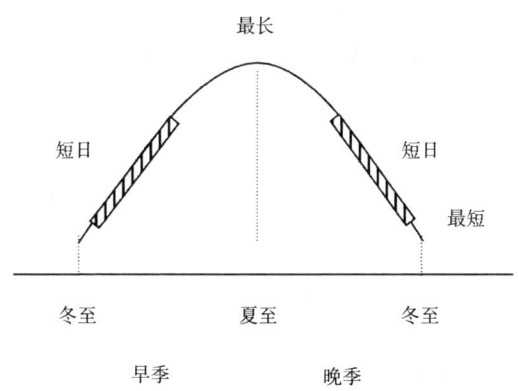

图4-1　一年内日照长度变化的规律（理论）

出穗期的"最长日长"：水稻品种在各地进行"周年播种"观察试验时，以某一播期所得的最长日长即为该品种的"出穗期最长日长"。

品种在自然条件下出穗期的"最长日长"与出穗期"临界光长"的关系为：品种原产地纬度越低，出穗期所需日长越短；同一地区的品种熟期越迟，出穗所需的日长也越短。

一般情况下，品种在自然条件下的"出穗期最长日长"，是感光性为主的品种种性对光温条件的综合反应。从熟期看，晚稻品种"出穗期的最长日长"较短、中稻品种中等、早稻品种较长，即按晚稻→中稻→早稻而依次递增。

三、水稻品种对温度的反应

（一）水稻品种的感温性

自然界中"热量"条件随着纬度、海拔和栽培季节的不同而发生变化。由于不同水稻品种对温度的反应不同，品种受温度影响表现出发育速度不同的特性，称为水稻品种的感温性。人们通常用平

均温度来表示热量条件。本试验中用出穗促进率来求出其感温性。

$$出穗促进率 = \frac{云南蒙自的出穗日数 - 广州第 I 播期的出穗日数}{云南蒙自的出穗日数} \times 100\%$$

上述计算公式的意义：①出穗促进率大，表示高温促进出穗程度大，即感温性强；②出穗促进率小，表示高温促进出穗程度小，即感温性弱。

全国水稻品种感温性的分级如表4-5所示。

表4-5　全国水稻品种感温性的分级

感温性级别		高温出穗促进率/%
弱	1	负值~5.0
	2	5.1~10.0
	3	10.1~15.0
中	4	15.1~20.0
	5	20.1~25.0
	6	25.1~30.0
强	7	30.1~35.0
	8	35.1~40.0
	9	40.1~45.0

我国不同稻作带品种感温性的综合评级如表4-6所示。

我国所有水稻品种都是感温的，在157个供试品种中：①感温性中等（4~6级）的占多数；②感温性中等至强（4~9级）的占98.7%；③感温性弱的占少数。

早稻、中稻、晚稻品种的感温性趋势是：晚稻强于早稻、中稻；早稻又强于中稻。由此可见：早稻感温，晚稻同样是感温的，因此所谓"早稻为感温性品种，晚稻为感光性品种"的说法是不正确的，也是不全面的。

表4–6 我国不同稻作带品种感温性的综合评级

地带	类型	地区性熟期	品种数/个	不同感温性级别品种数/个								
				弱			中			强		
				1	2	3	4	5	6	7	8	9
华南	籼	早稻早熟	3				1	2				
		早稻中熟	3						3			
		早稻迟熟	11				2	1	7	1		
		冬稻	1									1
		中稻	5				1	3	1			
		晚稻早熟	2							1	1	
		晚稻中熟	14					1	5		7	1
		晚稻迟熟	10			1			1	3	3	2
	粳	早稻迟熟	2				1	1				
		一季稻	4							4		
		晚稻迟熟	2						2			
云贵	籼	早熟	1								1	
		中熟	3					1	2			
		迟熟	3						1	2		
		冬稻	1									1
	粳	早熟	1					1				
		中熟	3				1	2				
		迟熟	5						1	1	2	1
华中	籼	早熟	5					1	1	3		
		中熟	12				1	7		4		
		迟熟	8						4	2	2	
	粳	早熟	1					1				
		中熟	3								2	1
		迟熟	8					1	4	3		

续表

地带	类型	地区性熟期	品种数/个	不同感温性级别品种数/个								
				弱			中			强		
				1	2	3	4	5	6	7	8	9
华北	籼	早熟	2					2				
		中熟	5					1	4			
		迟熟	3				1	2				
	粳	早熟	5					2	3			
		中熟	7				3	1	1	1	1	
		迟熟	6					1	2		2	1
东北	粳	早熟	5				1	3	1			
		中熟	3			1		1	1			
		迟熟	4					1	3			
西北	粳	早熟	6				4	2				
合　计			157			2	18	41	42	27	20	7
百分率/%				1.3			64.3			34.4		

（二）水稻品种对适宜温度的要求

水稻品种对温度的反应：①感温性的"强弱"；②最适宜温度的"高低"。

感温性的"强弱"只能反映温度改变后出穗日数缩短或延长的程度，因此单从感温性的角度还不能解释温度与品种出穗的复杂现象，例如：①为何北粳南移，生育期显著缩短？南籼北引，生育期显著延长？②为何中籼品种和少数中粳品种能够适应高温季节栽培？

上述现象只能从品种要求的"适温"不同去加以解释：北粳南移，生育期显著缩短，南籼北引，生育期显著延长，这同早中籼要求的"适温"较高，而早中粳要求的"适温"较低有关。

品种对生育"最适温度"的要求不同是由分布地区不同、季节不同及栽培耕作制度不同而形成的"生态适应性"不同所导致的。

感光性"强弱"与熟期早迟存在有规律的关系，即晚稻的感光性强，早稻的感光性弱，中稻的感光性一般为中等（中粳接近晚稻，感光性中偏强；中籼接近早稻，感光性中偏弱）。

感温性"强弱"与熟期早迟不存在对应关系，各类稻种的早熟、中熟、迟熟品种都有感温性"中"和"强"的，看不出感温性与熟期性之间存在对应关系。

由于品种感温性与品种原产地的生态条件有密切联系，因此不同地区的早稻、中稻、晚稻，都有感温性"中"和"强"的。

（三）水稻品种出穗日数与积温

积温 $= \sum t$（℃）

有效积温 = 日平均温度（$\bar{t}$）– 起点温度

其中，日平均温度（$\bar{t}$）是指由每日2:00、8:00、14:00、20:00时记录的温度（t）所求的平均数；籼稻的起点温度为12℃，粳稻的起点温度为10℃。

高温日数多，而日平均温度过高，对水稻品种同样起不到促进作用，此时积温（$\sum t$）就偏大。温度过高对水稻品种出穗起不到促进作用，超过的温度叫作无效高温。

昼夜温差大，最高温度高，但当高温出现的时间很短时，按日平均温度计算所得的有效积温数值亦偏高，此时的高温实际上也是无效高温。

低温对有效积温的影响比较少，其原因是水稻生长期内的温度不会太低，仍在生物学起点温度10℃以上。因此，可以认为低温不是有效积温主要的影响因素。

（四）水稻品种各生育期对温度要求不同

（1）生育前期要求有效积温低的品种，在夏季播种时（晚季翻秋）苗期平均温度"过剩"导致有效积温"过剩"；而生长后期温度降低，由于温度不足造成出穗日数偏多，有效积温亦偏多。

（2）生育前期要求有效积温高的品种，早季播种时遇到低温易发生烂秧死苗。

（3）生育后期要求有效积温高的品种，晚季栽培时遇到低温易发生延期出穗的现象。

（五）有效积温的应用

（1）将有效积温作为划分水稻区域的依据之一。

（2）将有效积温作为水稻品种布局的依据之一。

（3）在同一地点、同一播期或播期相近时，用有效积温预测品种出穗的迟早和出穗日数的多少具有十分积极的应用价值。

（4）在长江流域上游到下游地区纬度和海拔相近，如播期相同或者近似时，也可用有效积温来预测品种的出穗情况，包括出穗迟早和出穗日数多少。

（5）在纬度、海拔相差较大的情况下，由于受日长条件和各地温度条件的制约，导致有效积温差异较大，此时当前的计算方法难以应用。

四、水稻品种的短日高温生育期

（一）短日高温生育期形成的基本原理（根据）

（1）水稻是喜温的短日照性作物。

（2）一般的水稻品种在适宜的高温和短日照条件下都能加速发育，缩短由播种至出穗的日数；在短日照和高温条件下，品种的出穗日数少；在长日照和低温条件下，品种的出穗日数多。

（3）从"植物学"的角度出发，水稻一生分为营养生长期（种子发芽→幼穗分化）和生殖生长期（幼穗分化→出穗→成熟结实期）。

（4）水稻由营养生长期到生殖生长期，即生育期发生转换的必要条件：不同品种在不同阶段所需温度不同；不同品种在不同阶段所需日照均较短（每日较长时间的黑暗和一定长度的日照时数）。

（二）短日高温生育期的定义

短日高温生育期是指水稻品种在适宜的短日高温条件下所需最少的出穗日数。

日本学者此前认为：水稻品种在幼穗分化期以前的营养生长期是由两段时期组成的，即"基本营养生长期"和"可消营养生长期"。"基本营养生长期"由品种遗传性决定，是固定不变的，不受光温条件制约。"可消营养生长期"由光温等生态条件所支配与影响，是可变的。

我国水稻科研工作者认为：①机械地把"营养生长期"分为只受遗传性决定且不受光温生态条件制约的"基本营养生长期"和"可消营养生长期"是不合适的，因为"基本营养生长期"并不如日本学者所述的那样是固定不变的，它同样会受到光温生态条件的制约并随之变化；②短日高温生育期也只能代表水稻品种在一定光温生态条件下的最少出穗日数，它并非一成不变，而是随着光温条件的变化而改变。由于光温条件的变化错综复杂，因此要得出一个品种的短日高温生育期也只是相对的。

11 h定光试验条件下（广州），测得的中国水稻品种的短日高温生育期级别，如表4-7所示。

1～3级，短日高温生育期为"短"，在40.0 d以下；4～6级，短日高温生育期为"中"，为40.1～55.0 d；7～9级，短日高温生育期为"长"，在55.0 d以上。

表4-7　中国水稻品种短日高温生育期的综合评级

短日高温生育期级别		11 h定光试验（广州）中最少出穗日数/d	
短	1	≤40.0	<30.0
	2		30.1～35.0
	3		35.1～40.0
中	4	40.1～55.0	40.1～45.0
	5		45.1～50.0
	6		50.1～55.0
长	7	>55.0	55.1～60.0
	8		60.1～65.0
	9		>65.0

按照表4-7内短日高温生育期的分级标准，鉴定地区性熟期品种的短日高温生育期，如表4-8所示。

不同类型品种的短日高温生育期是不同的，但其中可以看出规律性的是：①中稻类型的品种短日高温生育期"最长"；②早稻类型的品种短日高温生育期"中等"；③晚稻类型的品种短日高温生育期"最短"。

就籼粳稻不同类型而言，一般粳稻的短日高温生育期比籼稻要短，尤其是东北、西北的早熟粳稻品种短日高温生育期最短。

短日高温生育期是"适应生产需要+长期人工选择"，从而形成一种与当地生态环境条件相适应的水稻品种光温反应特性，与品种出穗日数的"稳定性"密切相关。

表4-8 地区性熟期品种的短日高温生育期级别

类型	地带	地区性熟期	品种数/个	短			中			长		
				1	2	3	4	5	6	7	8	9
籼	华南	早稻早熟	3				2	1				
		早稻中熟	3				1	1	1			
		早稻迟熟	11				3	2	2	2	2	
		冬　稻	1							1		
		中　稻	5						1	2	1	1
		晚稻早熟	2	1	1							
		晚稻中熟	14	2	6	6						
		晚稻迟熟	10	2	2	5						
	云贵	早　熟	1		1							
		中　熟	3						2		1	
		迟　熟	3	2	1							
		冬　稻	1									1
	华中	早　稻	5			3	1	1				
		中　稻	12			2	1	2	4	2	1	
		晚　稻	8	2	6							
	华北	早　熟	2			1			1			
		中　熟	5			3		1				1
		迟　熟	3				2			1		
粳	华南	早稻迟熟	2					1		1		
		一季稻	4			1	3					
		晚稻迟熟	2					1	1			
	云贵	早　熟	1			1						
		中　熟	3			2	1					
		迟　熟	5		3	1		1				
	华中	早　稻	1			1						
		中　稻	3		1	2						
		晚　稻	8			6	2					
	华北	早　熟	5				4	1				
		中　熟	7			5		1	1			
		迟　熟	6		2	2	2					
	东北	早　熟	5	1	3	1						
		中　熟	3			2	1					
		迟　熟	4			2	2					
	西北	早　熟	6	2	3	1						
合计			157	12	28	48	21	13	14	9	7	5

（三）短日高温生育期与出穗日数的关系

水稻品种的出穗日数与其感光性、短日高温生育期、感温性密切相关，通常情况下，可用三个数字来表示它们的"组合"，例如"1，3，5"就是表示其感光性1级、短日高温生育期3级、感温性5级。

1. 短日高温生育期与弱感光性品种出穗日数的关系

试验表明，短日高温生育期长的品种，在全国各地出穗的变异系数小，说明它们的出穗日数受光温条件的影响较小，有利于在不同环境条件下保持较稳定的出穗日数，有利于稳产；同时，由于生育日数比较稳定，这就对苗期的"长短"与栽培管理的"时间性"要求没有那么严格，即所谓"弹性较大"，这又是保证大面积平衡增产的重要"适应性"。

上述情况还表明：短日高温生育期与品种对地理、季节的适应性有密切关系。

上述感光性弱、短日高温生育期长的品种出穗日数稳定，这是品种"适应性广"的一个重要特征，也是我们平时进行水稻育种工作中选育"广适性品种"的理论基础之一。

感光性强、短日高温生育期长的品种，由于对环境条件要求严格，从而限制了它们的"适应性"。感光性强的品种，对出穗临界光长的要求严格，加上短日高温生育期又长，所以导致品种延迟出穗，故而要进行"广适性品种"的选育就有一定困难。

对感光性强、短日高温生育期长、感温性弱的热带水稻品种而言，它们在热带终年短日高温环境下保持较稳定的生育日数，因此要利用这类热带品种时，就要从育种上缩短其短日高温生育期，才可以扩大它们的分布范围。这又是"广适性"水稻品种选育工作中又一个值得注意的问题。

2. 短日高温生育期与强感温性品种类型的关系

短日高温生育期长与感温性强的水稻品种其地理生态、季节生态环境的适应范围均是"不广的"。

所以综上可得出如下结论：①感光性是对品种的熟期性起主导作用的第一位因素；②短日高温生育期是对品种的熟期性起作用的第二位因素。

五、水稻品种的光温反应型

（一）基本概念

水稻品种的出穗日数是由感光性、感温性、短日高温生育期，简称"两性一期"决定的。

在水稻品种原产地的气候生态条件和耕作栽培制度长期作用下，形成了不同生态型品种。"两性一期"这种不同的组合形式被称为光温反应型。

中国水稻品种的光温反应型，如表4-9所示。

表4-9　中国水稻品种的光温反应型

| 次序 | 感光性类别 | 光温反应型 | | | 地区性熟期代表品种类型 |
		感光性	短日高温生育期	感温性	
1	弱感光类	弱	短	中	东北、西北早熟粳等
2	弱感光类	弱	短	强	云贵早熟籼，华中早籼稻
3	弱感光类	弱	中	中	东北迟熟粳，华北早熟粳，华南早稻早熟籼等
4	弱感光类	弱	中	强	华南早稻迟熟籼，华中中稻籼，华北中熟粳
5	弱感光类	弱	长	中	华南早稻迟熟籼、中稻籼，华中中稻籼
6	弱感光类	弱	长	强	华南、云贵冬稻籼
7	中感光类	中	短	中	华北中迟熟粳，云贵早熟粳
8	中感光类	中	短	强	华中中稻籼，华北中迟熟粳
9	中感光类	中	中	中	云贵中熟籼，华中中稻籼等
10	中感光类	中	中	强	华北迟熟粳
11	强感光类	强	短	中	华中晚稻籼粳，华南晚稻中熟籼
12	强感光类	强	短	强	华南晚稻早中迟熟籼，华中晚稻籼粳，云贵迟熟籼粳等
13	强感光类	强	中	中	华南晚稻迟熟粳，云贵迟熟籼
14	强感光类	强	中	强	华南一季粳

（二）中国水稻品种的14个光温反应型

1."弱-短-中"型

"弱-短-中"分别表示感光性弱、短日高温生育期短、感温性中等，下同。

以东北、西北早熟粳为代表，并包括华中早籼稻等个别代表品种。东北、西北早熟粳是我国水稻最早熟的类型，南方没有此类品种，其主要特点是感光性弱，出穗不受日长条件的限制及短日高温生育期短，有利于早熟，而感温性中等，对低温的反应不太敏感，此乃在北方温度较低、夏季长日高温和季节很短时能够保持早熟特性的光温反应型。

2."弱-短-强"型

属此类型的有云贵早熟籼和华中早籼稻，它代表籼稻品种中最早熟的光温反应类型，与最早熟的粳稻品种的主要区别在于其感温性强。正是由于其感温性强，所以适应于华中和云贵低海拔而温度较低的地区，是利用高温条件达到早熟的光温反应型。利用这种光温反应型早熟品种就能达到优化耕作制度和增加复种指数的普遍要求。

3."弱-中-中"型

此类型品种包括华南早稻早熟籼、东北迟熟粳、华北早熟粳、华南早稻中熟籼及少数迟熟籼、华中早中稻籼、华北早中迟熟籼等品种。

"弱-中-中"型品种中，粳稻多属于早稻的中迟熟类型，籼稻则多属于早稻、中稻类型，其主要特点是：短日高温生育期为中等，从而熟期性亦相应迟些，它们是一种在北方夏季长日环境作迟熟种及在南方高温环境作早稻的光温反应型，此类品种的出穗日数比较稳定，地区的适应性也广。

4. "弱–中–强"型

华南早稻迟熟籼、华中中稻籼、华北中熟粳稻品种，属于感光性弱、短日高温生育期中等、感温性强的光温反应型，此类品种出穗日数稳定，能适应华南、华中较高温的生态环境。

5. "弱–长–中"型

本类型以华南早稻迟熟籼、中稻籼，华中中稻籼的品种为代表，其特点为：以籼稻为主，且分布广，除东北、西北稻区外几乎都能栽培，是中稻籼的主要光温反应型；因其短日高温生育期长，故它们的出穗日数主要受短日高温生育期支配，在高温条件下出穗日数仍较稳定，出穗变异系数小，著名品种"矮仔占"即属于此种光温生态型。

6. "弱–长–强"型

华南、云贵冬稻籼属于此光温生态型，其种性特点是感光性弱、短日高温生育期长、感温性强，适合在气候温和的南方稻区作冬稻栽培。因为它们的感光性弱，所以冬季的短日条件对其无出穗促进作用，而感温性强，在低温条件下发育慢，加上短日高温生育期长，发育的过程长，冬季停留于营养生长阶段，有利于增强对低温环境的适应能力，到了春季温度回升后便迅速出穗，提早成熟，避过夏季洪水为患的时期。本光温生态型品种是适应冬季栽培的特殊生态型水稻品种。

7. "中–短–中"型

本型以华北中熟粳、华北迟熟粳、云贵早熟粳的品种为代表。

本型主要分布于华北和云贵高原海拔地区，作一季早中熟粳稻栽培，其共同特点是短日高温生育期短、感光性和感温性中等，但以感光性作为主导出穗的因子。由于云贵高原和华北地区的生态条件不同，品种的光温反应均各有其特殊性：云贵高原一季早熟粳分布于低纬度高海拔地区，由于生育期短，成熟季节又较早，所以要求短日高温生育期要短，感光性只能是中等，且因海拔高、温度低，故感温性也不可能过强；华北一季中熟、迟熟粳感光性与感温性均为中等，但该地区纬度较高、海拔较低，因而品种出穗的适宜日长较长，要求的适温亦较高。基于这种差别，两者在不同地区的出穗期亦不一样。

8. "中-短-强"型

"中-短-强"型的水稻品种主要是分布在华中以北的一类中迟熟粳，它的感光性、短日高温生育期和感温性都与中稻籼（"弱-长-中"型）有明显区别：本型感光性中等偏强、短日高温生育期短，而感温性强，其出穗期受日照长度支配，出穗日数的变异系数亦大，变化的特点近似于晚稻。此类品种在当地光温生态条件下，感温性强有利于充分利用夏季的高温，而感光性中等偏强又有利于保持出穗期的稳定性。

9. "中-中-中"型

本光温生态型由云贵中熟籼、华中中稻籼、华北迟熟籼及少量云贵中熟粳品种构成。本型主要是籼稻，在原产地均作单季稻。与华南中稻籼的主要区别是感光性中等偏强，短日高温生育期中等，这是一种适合在季节气候变化大的地区作为中迟熟种的生态型。由于感光性中等，出穗受日长条件支配，从而可保证出穗期的相对稳定，有利于避免低温的影响，这对于耐冷性弱的籼稻尤为重要。另外，因为短日高温生育期中等，出穗日数较多，又有利于充分利用当地的生长季节。

10. "中-中-强"型

只有华北迟熟粳属于此光温生态型，这些品种的感光性中等偏强，短日高温生育期中等，而感温性强。就其光温反应特点和出穗日数而言，是较接近于晚粳的类型，主要区别是与华中晚粳相比较时，其感光性稍弱些。

11. "强-短-中"型

该型以华中晚稻籼粳和华南晚稻中熟籼的品种为代表，其光温生态型的特点是感光性强、短日高温生育期短、感温性中等。感光性是晚稻区别于早稻、中稻的主要特性，然而同属此类型的华南和华中水稻品种，在感光性方面仍有明显的区别：华中地区的晚籼或者晚粳其感光性为7级，而华南地区的则为8～9级；比较两者的出穗日数时，可见到前者的出穗适宜日长较长，后者的较短，因此该型品种在各地的出穗日数差别很大，这是值得注意的。

12. "强-短-强"型

"强-短-强"光温生态型是全国各地晚稻的主要光温生态型：华南晚稻早中迟熟籼，华中晚稻籼粳，云贵迟熟籼粳，包括华南一季粳稻品种。

上述地区品种的感光性及感温性均属强，但仍存在差别：其总趋势为华南品种的感光性比华中品种强，而云贵南部迟熟籼比云贵高原迟熟粳的感光性要强，显示出感光性差别与地理分布、成熟季节迟早有密切关系。于感温性而言，华南晚稻早中迟熟籼和云贵迟熟籼粳的比华中晚稻籼粳的强，它亦与地理和季节分布相关联。

13. "强-中-中"型

此乃我国南方晚稻最迟熟品种的光温反应型，这些品种的感光性较强、短日高温生育期中等偏长，两种特性结合在一起，成为最迟熟的类型，它是一种适应于华南生态环境且能在短日高温条件下保持比较稳定生育期的光温反应型。

14. "强-中-强"型

华南一季粳稻的光温反应型为"强-中-强"型，它是属于南方山区的南粳类型，为我国一季晚粳稻中生育期最长者，其主要特点为：短日高温生育期较长、感温性亦较强，令其具有生育期长，出

穗日数稳定，能充分利用夏季高温加速生长发育，保证适期出穗等特性。

　　总之，由上述14种光温反应型可知：①品种原产地从南到北，表现出由晚稻到早稻、由迟熟到早熟，中稻属中间类型，存在着连续性变异的关系；②从品种的光温反应特性可以看出，感光性强弱与晚中早稻及其迟中早熟间存在着明显的顺序关系；③在感光性相同的品种类型中，短日高温生育期长短与熟期性之间的关系亦十分明确、密切；④感温性只有在品种感光性与短日高温生育期相同的基础上才与熟期性有相关性；⑤"中国水稻品种的光温试验"进一步说明了水稻的感光性是决定其熟期的第一位因素，短日高温生育期是第二位因素，感温性则是第三位因素；⑥我国水稻品种不同光温反应型的形成与气候生态条件、季节生态条件密切相关，从而反映出品种的形成与演变规律，而且可以按照生产的需要进一步创造新的"光温反应型"。

　　日本稻作学者也对水稻品种的光温反应做了研究，并且按照"三性"（感光性、感温性、基本营养生长特性）、"三种级差"（强、中、弱），组合了$3^3 = 3 \times 3 \times 3 = 27$种光温反应型，这种纯数学的机械组合方式是不符合生产实际的，因为一种光温反应型的形成同生产需要、生态环境有密不可分的联系，只有从生产实际出发，根据与生态环境相统　的观念去选育良种并栽培之，才有可能创造出符合客观规律的新品种的光温反应型。

六、水稻品种光温反应特性与光温条件的综合作用

（一）水稻品种光温反应特性与光温条件的相互关系

　　前面的研究已经基本明确了感光性、短日高温生育期、感温性与水稻品种出穗期的关系，并进而对其光温反应型做了分类。在此基础上需要进一步明确的问题是，我国水稻品种多样的光温反应型

是如何形成的？

水稻本身的生理特性、外界生态条件、人为因素共同导致了中国水稻品种多样的光温反应型，但是应当指出的是：在这三大影响因素中，人为因素是起主导作用的，其余两个则是起辅助作用。我国劳动人民数千年以来，在人与自然做斗争的过程中，通过人工选择和精心培育，创造了数以千万计的水稻品种，这些品种对当时当地的生态条件都具有特殊的适应性，因此能在农业生产中占有一定位置。

我国稻区辽阔，不同稻区的地理气候复杂、各地生长季节长短不一、耕作制度不同，因此对水稻品种的要求不同，有适合双季稻区的，有适合单季稻区的，有早中迟熟种的不同，还有适应特殊条件要求的品种，从而造就并形成了多种多样的水稻品种光温反应特性。

当原产地的光温条件满足了品种的特性要求时，出穗期就表现出相对的稳定性；当由原产地向异地引种，由于光温条件的改变，出穗期便表现出变异性；任何品种出穗期的稳定性只是相对的，而出穗期的变异性则是绝对的，不同品种在不同光温条件下的出穗期是变化不一的，这取决于其种性。

就我国全部的水稻品种而言，对其出穗期起"支配作用"的是感光性、短日高温生育期、感温性，而品种的感光性对其有"主导作用"：品种的地理分布和季节分布均与感光性有关。

早稻的感光性弱，出穗期主要受短日高温生育期和感温性支配；晚稻的感光性强，出穗期主要受其支配。

中稻籼出穗的主导因素是短日高温生育期；中稻粳出穗的主导因素是感光性，这与中稻籼有差异。

就同一类品种而言，在不同的光温条件下，主导出穗期的因子也是随着光温条件的改变而改变的，例如华中晚稻粳在原产地的出穗主要受感光性支配，但移到华南短日季节栽培时，由于短日因子的要求已经得到满足，出穗的主导因子便发生了变化，此时短日高温生育期便成为其出穗的主因而非感光性了。

（二）水稻品种对光温反应的普遍性与特殊性

普遍性（共性）：无论早中晚稻或者早中迟熟品种，均有"两性一期"，这是其普遍性，即共性。

特殊性（个性）：无论早中晚稻或者早中迟熟品种，均有不同的"两性一期"，这是其特殊性，即个性。

第五节 ▶
中国水稻品种的全国性熟期分类

一、水稻品种熟期性分类的依据

（一）全国性水稻品种熟期性分类的意义

水稻品种的熟期性是一种重要的经济性状。过去我国水稻品种只有地区性熟期分类，缺乏全国性熟期分类，所以不能与当前的生产相适应。将地区性熟期分类和全国性熟期分类相衔接，将对我国稻区的耕作栽培制度与技术发挥巨大作用。

（二）全国性熟期分类方法选择试验地点的依据

试验结果显示，南京点供试品种的出穗期差异与不同光温反应特性表现最为明显：南京大多数华南和云贵晚稻品种均可出穗，是这类晚稻品种出穗的"北限"；在南京可以比较全部品种的出穗期和分析各品种的光温反应特性。因此，以南京点作为全国水稻品种熟期性分类的方法是合适的，也是科学的。

以南京试验点的品种出穗期为基础，再结合全国各地惯用早中晚稻或早中迟熟来区别品种的熟期性，将全国品种分为早中晚稻及早中迟熟，将全国性熟期分为9类（表4–10）。

参考当地历史上沿用的"一季早中晚稻熟期性"分类划分的方法，7月上旬出穗的为"早稻"，7月下旬至8月中旬出穗的为"中稻"，8月下旬至9月中旬出穗的为"晚稻"。

表4-10　水稻品种全国性熟期分类出穗期标准

全国性熟期		出穗期标准（南京点）	品种出穗期幅度	品种数/个
早稻	早熟	6月下旬	6月21日至6月29日	10
	中熟	7月上旬、中旬（1—14日）	7月3日至7月14日	12
	迟熟	7月中旬（15—20日）	7月15日至7月19日	11
中稻	早熟	7月中下旬	7月13日至7月31日	33
	中熟	8月上旬	8月1日至8月10日	22
	迟熟	8月中旬	8月11日至8月22日	13
晚稻	早熟	8月下旬至9月中旬	8月25日至9月23日	22
	中熟	9月下旬至10月中旬	9月26日至10月20日	18
	迟熟	10月下旬至不出穗	10月21日至不出穗	16

注：南京点出穗期为1962—1963年两年平均值，两年的播种期分别为4月18日和4月22日。

二、全国性熟期与地区性熟期的关系

根据表4-11所列出的关系，可以"一一对应"地由全国性熟期查知它包括哪些地区性熟期。反之，由任何一个地区性熟期也可以查知它对应的全国性熟期。例如：东北早熟粳属于早稻早熟，东北中熟粳属于早稻中熟，东北迟熟粳属于早稻迟熟；华中早稻籼属于早稻中熟；华南早稻迟熟籼属于中稻中熟；华北中熟粳属于中稻早熟；华南早稻迟熟粳属于中稻中熟；华中晚稻籼、华中晚稻粳均属于晚稻早熟，等等。

表4-11 水稻品种全国性熟期分类与地区性熟期的关系

全国性熟期	地区性熟期	全国性熟期	地区性熟期
早稻早熟	东北早熟粳	中稻中熟	华中中稻粳
	西北早熟粳		云贵中熟籼
早稻中熟	西北早熟粳		华南早稻迟熟粳
	东北中熟粳		华南早稻迟熟籼
	华北早熟粳		华南中稻籼
	华中早稻籼	中稻迟熟	华北迟熟粳
	云贵早熟籼		华中中稻粳
	华南早稻早熟籼		华中中稻籼
早稻迟熟	东北迟熟粳		云贵中熟粳
	华北早熟粳		云贵中熟籼
	华北早熟籼		云贵冬稻籼
	华中早稻粳		华南冬稻籼
	华南早稻早熟籼	晚稻早熟	华中晚稻粳
中稻早熟	华北早熟粳		华中晚稻籼
	华北中熟粳		云贵迟熟粳
	华北迟熟粳		华南一季粳
	华北早熟籼		华南晚稻早熟籼
	华北中熟籼	晚稻中熟	云贵迟熟粳
	华中中熟籼		云贵迟熟籼
	云贵早熟粳		华南一季粳
	云贵中熟籼		华南晚稻早熟籼
	华南早稻中熟籼		华南晚稻中熟籼
	华南早稻迟熟籼	晚稻迟熟	云贵迟熟籼
	华南中稻籼		华南一季粳
中稻中熟	华北中熟籼		华南晚稻迟熟粳
	华北迟熟粳		华南晚稻中熟籼
	华北迟熟籼		华南晚稻迟熟籼
	华中中稻籼		

在地区性熟期品种中有一些与全国性熟期存在"一对一"的对应关系，还有一部分地区性熟期品种存在地区间的交叉。前者如：①华南早稻早熟籼分别属于早稻中熟和早稻迟熟；②华南早稻迟熟籼分别属于中稻早熟和中稻中熟，云贵迟熟籼分属晚稻中熟和晚稻迟熟。后者如：①华中中稻籼、云贵中熟籼和华北迟熟粳，部分属中稻早、中、迟熟；②华南一季粳分属晚稻早、中、迟熟。

造成上述情况的原因是地区性熟期的幅度过大，所以可在地区性熟期中选取几个代表性品种的熟期，同全国性熟期分类相对照，这样就可以得出地区性熟期与全国性熟期的对应关系，明确地区性熟期在全国熟期性分类中的位置，从而便于应用。

还应指出的是：作为研究全国各地区不同品种的光温反应特性，为全国性熟期分类提供理论依据，供试品种必须选择遗传性稳定、在各地区栽培历史悠久的品种，因为它们对当地的光温条件适应较久，气候生态特性比较稳定，能较好地揭示各地水稻品种的光温反应特性。

三、全国性熟期品种与光温反应型的关系

我国水稻品种的全国性熟期可分为早稻早中迟熟，中稻早中迟熟，晚稻早中迟熟，共9个类别。我国水稻品种的光温反应型共有14个。水稻品种的全国性熟期与光温反应型的关系如表4–12所示。水稻品种的光温反应型与全国性熟期的关系如表4–13所示。

表4-12　水稻品种的全国性熟期与光温反应型的关系

序号	感光性-短日高温生育期-感温性	品种数/个	早稻早熟 粳	早稻中熟 籼	早稻中熟 粳	早稻迟熟 籼	早稻迟熟 粳	中稻早熟 籼	中稻早熟 粳	中稻中熟 籼	中稻中熟 粳	中稻迟熟 籼	中稻迟熟 粳	晚稻早熟 籼	晚稻早熟 粳	晚稻中熟 籼	晚稻中熟 粳	晚稻迟熟 籼	晚稻迟熟 粳
							不同全国性熟期的品种数/个												
1	弱-短-中	16	10	1	2	1	1	1											
2	弱-短-强	3		3															
3	弱-中-中	30		3	2	2	7	8	2	5	1								
4	弱-中-强	4						3	1										
5	弱-长-中	18						9		7	1	1							
6	弱-长-强	2										2							
7	中-短-中	13					1	1	6	2	1		2						
8	中-短-强	6							1	1	2		2						
9	中-中-中	6						1		2		2	1						
10	中-中-强	2											2						
11	强-短-中	16											1	3	5	5		2	
12	强-短-强	33												6	7	10		9	1
13	强-中-中	4													1		3		
14	强-中-强	4																2	2
合计（籼92个，粳65个）		157	10	7	4	3	9	23	10	17	5	5	8	9	13	15	3	13	3

表4-13　水稻品种的光温反应型与全国性熟期的关系

序号	光温反应型	全国性熟期	品种数	序号	光温反应型	全国性熟期	品种数
1	弱-短-中	早稻早熟	10	8	中-短-强	中稻早熟	1
		早稻中熟	3			中稻中熟	3
		早稻迟熟	2			中稻迟熟	2
		中稻早熟	1	9	中-中-中	中稻早熟	1
2	弱-短-强	早稻中熟	3			中稻中熟	2
3	弱-中-中	早稻中熟	5			中稻迟熟	3
		早稻迟熟	9	10	中-中-强	中稻迟熟	2
		中稻早熟	10	11	强-短-中	中稻迟熟	1
		中稻中熟	6			晚稻早熟	8
4	弱-中-强	中稻早熟	4			晚稻中熟	5
5	弱-长-中	中稻早熟	9			晚稻迟熟	2
		中稻中熟	8	12	强-短-强	晚稻早熟	13
		中稻迟熟	1			晚稻中熟	10
6	弱-长-强	中稻迟熟	2			晚稻迟熟	10
7	中-短-中	早稻迟熟	1	13	强-中-中	晚稻迟熟	4
		中稻早熟	7	14	强-中-强	晚稻早熟	1
		中稻中熟	3			晚稻中熟	3
		中稻迟熟	2				

　　从全国性熟期与光温反应型的关系来看，熟期早迟与感光性和短日高温生育期的相关性较大，与感温性的相关性较小。

　　早稻品种的光温反应特性主要是"感光性弱和短日高温生育期短至中等"，因此早稻品种在全国各地表现出生育期短、出穗日数少的种性。

　　中稻品种的光温反应特性有两类：①第Ⅰ类是"感光性中和短日高温生育期多数为短、少数为中等"，此类的品种多数为中粳，多属云贵、华中和华北的品种，由于它们的"感光性中等"，故在不同地点、不同播期的出穗日数变化比较大；②第Ⅱ类是"感光性弱和短日高温生育期中等至长"，这一类的品种多数为籼稻，因为它们"感光性弱和短日高温生育期中等至长"，故而在各地的出穗日数较多而且变化较小。第Ⅱ类主要是华南品种，也有华中、华北的，但属云贵的品种较少，其原因与华南夏季短日高温生态环境关系甚大。第Ⅰ类品种和第Ⅱ类品种的出穗期或出穗日数是差不多的，因此都属于中稻。

晚稻品种的光温反应特性是"感光性强"，它的早中迟熟差异，主要取决于感光性的强度，一般晚稻的感光性为7级、晚稻中熟的为8级、晚稻迟熟的为9级。由于晚稻品种"感光性强和短日高温生育期短至中等"，故而晚稻品种在适宜的短日高温环境下出穗日数与早稻品种差不多，例如广州地区早稻和晚稻的出穗日数是差不多的。

但是必须指出的是：晚籼和晚粳不同，晚籼品种的短日高温生育期都是短的（个别品种除外），而晚粳品种的短日高温生育期则有不少是属于中等的。晚粳品种形成如此光温反应特性，可能与其原产地的光温生态和栽培制度密切相关。

全国性熟期分类结果表明：没有一个地带具有全国性熟期的全部9类品种。西北、东北、华北稻区，由于日照长和温度低，不可能有晚稻品种；华南稻区短日高温，全部品种均能出穗成熟，但之所以没有全国熟期性分类的"早稻早熟种"，不是因为不具备这类品种所需要的发育条件，而是因为它们在"短日高温"生态环境下的出穗日数过少，产量不稳定，在原有的耕作栽培制度下，与充分利用当地的生长季是不相适应的，这显然是人工选择的结果。

第六节 ▶
中国水稻品种性状与光温条件的关系

一、水稻品种性状与原产地光温条件的关系

我国的水稻品种在原产地、原季节栽培时，才能客观地反映茎、叶、穗、粒的真实情况，以及这些性状间的相互关系，这是与其原产地的光温条件密切相关的。

二、光温条件对水稻品种性状变化的影响

（一）光温条件对主茎叶片数的影响

日照的长短和温度的高低，直接影响水稻品种的出穗日数，从而引起主茎叶片数发生变化；主茎叶片数与出穗日数之间的相关系数均达到1%的显著水平。长日低温下出穗日数增多，主茎叶片数亦增多；短日高温下出穗日数减少，主茎叶片数亦减少。但是，有部分早稻早中熟粳及中稻中迟熟籼品种，日长变化对其出穗日数影响不大，所以主茎叶片数与出穗日数之间不存在相关关系。

（二）光温条件对株高的影响

同纬度的水稻品种由高海拔地区引至低海拔地区种植时，日长虽没有改变，但温度由低到高，水稻植株亦由矮到高。可见低温地区的品种引至高温地区或高温季节种植，只要有正常的出穗日数，株高就变高，反之则变矮。

低温对株高的影响，主要表现在穗基节下第1节到第3节间的长度上，受影响的温度约在23℃以下。

粳稻和高海拔地区的籼稻比一般的籼稻受影响的程度要轻，这说明低海拔的品种耐冷能力较差，受低温影响较大。

（三）光温条件对不实率的影响

从光温条件来看，水稻品种的不实率（%）与出穗前后5 d的平均温度关系密切。对一般的品种而言，出穗前后5 d的平均温度为23.1～27.0℃时不实率最低，超过或者低于这个温度范围时，其不实率都会增加。

晴天强光是水稻积累干物质的重要条件，尤其是在出穗前后15～20 d内，为晴天多，光照强，结实率升高，不实率降低。

（四）光温条件对千粒重的影响

千粒重与出穗至黄熟（20～30 d）期间的温度有关，如果温度过低，则不利于养分运输，千粒重下降。

（五）光温条件对主穗粒数的影响

品种的出穗日数是因光温条件的变化而变化的。一般认为生育期缩短，主穗粒数便减少，而当生育期适当缩短时，有些水稻品种的主穗粒数并不会减少，这可能是因为其主穗粒数除了与出穗日数有关外，还与出穗期间的温度相关。还有一些品种的主穗粒数受到栽培技术及光温条件的制约。

（六）光温条件对每株穗数的影响

除光温条件外，每株穗数最易受栽培条件的影响，一般而言，增加分蘖数与增加穗数是密切相关的。

第七节　▶
中国水稻品种的气候生态型

一、划分水稻品种气候生态型的意义与依据

（一）意义

熟期性虽然是应用某一类型或具体品种的重要前提，但要获得增产效益，还必须考虑各地带以光温为主的生态条件。

品种生态型是指品种在一定的光温生态条件下，由于人工选择、自然选择和品种自身的适应性，形成了具有相似特性特征的作物类群和品种类群。

决定品种生态型的因子：①气候因子有光、温、水、气；②生物因子有病、虫、草、鸟、兽；③人为因子有耕作制度、栽培技术、食用习惯。

（二）依据

水稻品种气候生态型的划分，首先是根据品种分布地带的光温条件，并以当地的地区熟期性为基础，与全国熟期性相对应，再结合品种的生理特性、形态特性、栽培特点做综合归类。

由于气候因子比较复杂，又要便于实际应用，因此气候生态型的数目比熟期分类多。

水稻品种的气候生态型与光温反应型之间的关系：①同一光温反应型可能包含不同的气候生态型；②同一气候生态型内，亦可能有不同的光温反应型。因此同一类型的品种中，一般都可分为早中迟熟，而且感光性、短日高温生育期、感温性相互制约，导致不同

的光温反应型有可能在一定程度上适应于"同一地区"。

籼、粳两个亚种主要是适应不同温度条件的地理气候生态型：籼稻要求高温，多分布在低纬度、低海拔地带；粳稻要求较低温，多分布在高纬度、高海拔地带。不同纬度和不同季节造成日照长度的不同，导致形成感光性由弱到中的早稻和中稻，以及感光性强的晚稻，即早中晚稻籼和早中晚稻粳，共6种季节生态型。

在籼粳稻6种季节生态型的基础上，加上气候生态特点、光温反应特性、品种适应性、茎穗性状、栽培特点和其他因子，将我国水稻品种划分为13个气候生态型。

二、水稻品种气候生态型的类型

（一）华南晚籼型

（1）分布：我国华南稻区，纬度偏低。

（2）气候特点：日长偏短，昼夜温差小，太阳辐射强度大，温度高，雨量充沛。

（3）耕作栽培制：本型为双季连作晚稻。

（4）熟期性：属全国性熟期的中熟、迟熟。

（5）光温反应型：有3种，主要为"强-短-强"型，感光性强对短日要求严格，短日高温生育期短，不同播期的生育日数变化大，只适宜于短日高温的低纬度地区晚季栽培。

（6）品种特性：作物生长期长。华南晚籼型出穗日长为11.52～13.06 h。本型品种苗期耐冷性弱，但结实期耐冷性较强。

（二）云南晚籼型

（1）分布：24°N以南，海拔1 000 m以下。

（2）气候特点：日长较短，温度较高，昼夜温差大，年降水量1 400 mm，4—9月RH＞80%。

（3）耕作栽培制：一般5月播种，7月移栽，11月收获。

（4）熟期性：属全国性熟期的晚稻中迟熟，当地为一季晚稻。

（5）光温反应型：有2种，为"强-短-强"型和"强-中-中"型，以后者为主。

（6）品种特性：植株高大，株高140 cm以上，主要为软红米和大粒籼糯，千粒重"重"（30 g左右），米质好，尤其是籼糯粒大而宽、分蘖少，多数品种没有叶毛。

（三）华中晚籼型

（1）分布：湖北、湖南、江浙、江西、四川等省区。

（2）气候特点：夏季温度高，但冬寒较早。

（3）耕作栽培制：主要作一季晚稻，一般5月中旬播种，10月下旬收割。

（4）熟期性：属全国性熟期的晚稻中熟。

（5）光温反应型：有"强-短-中"型和"强-短-强"型2种；感光性比华南、云贵晚籼稍弱，且出穗适宜日长的幅度较大，多数品种在39°02′N（天津）仍能出穗；当南繁在崖县（18°20′N）时可作早稻栽培，只有在西北、东北不能出穗。

（6）品种特性：当地栽培时，株高120 cm左右，分蘖力较强，秆稍细，叶稍窄，谷粒较长，千粒重25～27 g。

（四）华南、云贵冬稻籼型

（1）分布：主要分布在广东、广西、云南的北回归线附近及以南地区。

（2）气候特点：年平均温度高（>20℃），冬季温度亦不低（1月平均温度>11℃）。

（3）耕作栽培制：一般10—11月播种，12月下旬前移栽，由于其感光性弱和感温性强，故对适温反应比较敏感，植株在冬季短日与相对低温（11月至翌年3月的平均温度<20℃）条件下，能停

留在营养生长阶段而不出穗，来春温度回升时（4月的日平均温度＞22℃），由于感温性强而导致生长发育加速，从而能保证5月上旬出穗、6月上旬收割，避过夏季洪水。

（4）熟期性：属全国性熟期的中稻迟熟。

（5）光温反应型：为"弱-长-强"型。

（6）品种特性：苗期耐冷性中等，结实期要求较高温度，而且由于感温性强、短日高温生育期长，在25°12′N（昆明）的低温条件下不能出穗。在39°02′N（天津）以北不能出穗的原因是其短日高温生育期长。

（五）华南、云贵、华中中籼型

（1）分布：范围较广，包括广东、广西、海南、福建、云南、贵州、四川、湖北、湖南、江西、江苏、浙江、安徽、河南、陕西、台湾等省区，但以华中地区为主。

（2）气候特点：华南中籼主要分布在山区和春季较干旱的地方，云贵则因海拔高、温度低、春暖迟、秋寒早，各地中籼种植时的气候条件差异甚大。

（3）熟期性：属全国性熟期的中稻早中迟熟。

（4）光温反应型：由于分布范围广，各地能作中稻栽培的籼稻类型多，因此光温反应特别复杂，包括7个光温反应型，其中有代表性的为"弱-长-中"型、"弱-中-中"型、"中-中-中"型。华南中籼属于"弱-长-中"型，其感光性弱，短日高温生育期中等至长，感温性中等。在4—9月的长日光温条件下，只有感光性弱才能出穗，同时，由于短日高温生育期长，有利于在高温下不导致生育日数过短而影响产量。华中中籼的光温反应型较为复杂，以"弱-中-中"型居多，与华南中籼相比较时，其感光性稍强，短日高温生育期稍短，这是适应华中地带生长季节较短的特性。云贵中籼的光温反应型主要为"中-中-中"型，感光性相对更强些，短日高温生育期亦稍短，这是适应当地秋季降温快、要求出穗期稳定的特性。本型中的华南、华中中籼适应性广，生育日数变化不大，比较高产稳产。

（5）品种特性：植株较高，株高多为140 cm左右，分蘖中等，但云贵品种的分蘖力较弱，穗大、粒多、粒重，千粒重25～27 g，除对高温反应敏感外，云贵中籼苗期和出穗期耐冷力较强。

（六）华南、华中早籼型

（1）分布：广东、广西、湖南、江西、福建、台湾、江苏、浙江、安徽等省区。

（2）熟期性：属全国性熟期的早稻中迟熟。

（3）光温反应型：有"弱-短-强"型、"弱-短-中"型和"弱-中-中"型，其共同特点是感光性弱，在长日照条件下才能出穗。本型品种的另一共同特点是短日高温生育期短到中等，以适应作为双季连作早稻生育期不能过长的要求。光温反应型为"弱-短-强"型的品种是籼稻中最早熟的，其原因是感温性强，在高温条件下发育快，而"弱-短-中"型的熟期次之，"弱-中-中"型的熟期则较迟。

（4）品种特性：此型品种一般耐冷、出穗期耐高温，适应范围广，全国各地均能出穗，在华南、华中地带相互引种较易成功。此类品种一般株高100～120 cm，分蘖力较强，千粒重23～26 g，但是米质通常较差。

（七）华南、云贵晚粳型

（1）分布：广东、广西、福建、台湾及云南南部。华南的晚粳主要分布在山区作一季稻栽培，而平原地区只有小面积作为双季稻种植且多为糯稻；云南晚粳主要分布在南部海拔1 200 m以下的地方。

（2）熟期性：属全国性熟期的晚稻早中迟熟。

（3）光温反应型：共2种，"强–中–强"型和"强–中–中"型。本型感光性都为8级、感温性多为6～7级，均较华南、云南晚籼型的弱，但短日高温生育期则较长，这与本型形成的生态条件相关。

（4）品种特性：华南、云贵晚粳型的品种一般植株高大，株高达150 cm左右，分蘖力弱，茎秆粗硬，穗大粒多，每穗粒数可达200粒以上，千粒重亦较重，耐冷性和耐肥性均较强。

（八）华中晚粳型

（1）分布：江苏、浙江、上海在太湖流域内的部分地区。

（2）熟期性：属全国性熟期的晚稻早熟。

（3）光温反应型：共2种，"强–短–强"型和"强–短–中"型。同华中晚籼比，本型感光性和感温性都有较弱的趋势，最大的区别是本型的短日高温生育期较长些。

（4）品种特性：过去在太湖流域作一季晚稻栽培，它的生育期一般比同熟期的晚籼稻要长，此型品种的植株高大，株高通常在150 cm左右，分蘖力弱，茎秆粗硬，穗大粒多，每穗粒数可达200粒以上，千粒重亦较重，米质优良。

（九）华南中粳型

（1）分布：主要分布在我国台湾。

（2）熟期性：属全国性熟期的中稻中熟。

（3）光温反应型：共2种，"弱–长–中"型和"弱–中–中"型。本型品种的特点是感光性弱，短日高温生育期中等至长，比较耐热，在不同地带或季节栽培，生育日数的变化较小，能早晚季兼用。

（4）品种特性：耐肥性和抗病性较强，适宜在热带和亚热带的平地栽培，适应性较广。

（十）云贵高原粳型

（1）分布：云南中部、北部海拔1 600 m以上地区，贵州高海拔地区及广西部分山区。

（2）气候特点：因低纬度和高海拔相交错，日照短且温度低，昼夜温差大，太阳光谱中的紫外线成分高。

（3）熟期性：属全国性熟期的中稻迟熟、晚稻早熟，个别品种属中稻早熟。

（4）光温反应型：共4个，但主要为2个，即"强-短-强"型和"中-短-中"型，无论早中迟熟品种都有相当程度的感光性，对温度也较敏感，感温性为中等至强，短日高温生育期则为短，这是适应当地光温条件和要求有较稳定出穗期的表现。虽然本型分布区域较华中偏南，但感光性与华中中稻、晚稻接近，这是由高海拔的低温影响所致，安全出穗期提前至8月下旬至9月上旬，故出穗的日长同华中中粳、晚粳比较接近。另外，由于早熟种也有相当程度的感光性，所以属于全国性熟期的中稻早熟。

（5）品种特性：苗期和出穗期耐冷性较强，稻株多具有花青素且颖色类型特别复杂，引种至低海拔地区栽培时，植株变高，株高可达140 cm左右，分蘖力弱，穗大粒小，千粒重21～24 g，谷粒常有芒。本型早中迟熟品种的分布与海拔高低有关，与栽培制度和技术关系不大。

（十一）华北、华中中粳型

（1）分布：江苏、安徽、河南、山东、河北、山西、陕西、北京、天津等地。

（2）熟期性：属全国性熟期的中稻早中迟熟。

（3）光温反应型：共5个，即"中-短-中"型、"中-短-强"型、"弱-中-中"型、"中-中-强"型和"中-中-中"型。华中中粳是作麦茬稻栽培用的，要求出穗期稳定在8月上旬和中旬，所以光温反应型为"中-短-强"型，有一定的感光性，短日高温生育期短和感温性强，利于稻麦的茬口安排。华北中粳分布的纬度偏北，作稻麦两熟或一季稻栽培，作一季稻栽培时，由于日照时数较长，在当地多为迟熟，主要的光温反应型为"中-短-中"型和"中-短-强"型。感光性中等，就能保证有较稳定的出穗期，感温性中等至强有利于利用高温季节。

（十二）东北、华北早粳型

（1）分布：辽宁、吉林、黑龙江，以及河南北部、山西北部地区。

（2）气候特点：由于是高纬度地区，所以水稻生长期内日照长、高温季节短，生长季不长且秋季降温快。

（3）熟期性：属全国性熟期的早稻早中迟熟。

（4）光温反应型：有3个，但主要是"弱-短-中"型和"弱-中-中"型。东北早熟粳全都是属于"弱-短-中"型，因为只有感光性弱，才能在15 h的日长下出穗，短日高温生育期短，有利于提早成熟，感温性中等，受温度的影响小，有利于保持较为稳定的出穗日数。东北迟熟粳和华北早熟粳同属"弱-中-中"型，因为分布的纬度偏南，生长季长些，为了能最大限度利用生长季节，与东北早熟粳相比较，它们的感光性为弱偏中等，而短日高温生育期较长，以维持较长的生育日数。

（5）品种特性：由于播种季节温度低，以及出穗后温度下降快，故苗期和结实期的耐冷性较强。目前生产上的改良品种占多数，它们株形紧凑，叶片短直，叶色较深，粒较小，千粒重25 g左右，且脱粒较难。还有少量的地方品种，其株形较散，叶色亦较淡，但粒较大，千粒重28 g左右，脱粒较易。

（十三）西北早粳型

（1）分布：新疆、宁夏。

（2）气候特点：其纬度比东北稍低，但海拔较高，高温生长季节短，温度的季节变化更明显，昼夜温差大，日照量最充足，年降水量一般为200 mm左右，稻作季节月平均RH＝50%，夏季高温干燥，全靠灌溉。

（3）熟期性：属全国性熟期的早稻早中熟。

（4）光温反应型：有2个，但以"弱-短-中"型为主。由于秋季降温急剧且年度间温度变化大，所以要求稳定的出穗期，虽然感光性级别为弱，但出穗适宜日长的幅度较大、对日长的变化敏感。

（5）品种特性：由于原产地春季昼夜温差大，苗期的耐冷性是粳稻中最强的，当地惯用水直播，播后灌20～23 cm的深水层保温护芽，种子能在深水层中发芽，这种耐淹性是其他粳型不具备的。另外，由于昼夜温差大，利于养分积累，粒大，千粒重达30 g左右，颖毛密而长，生长迅速，繁茂性好，叶色稍淡，当引种至湿润地区种植时，稻瘟病严重。

三、水稻气候生态型的应用

（一）引种

引入品种的光温反应特性同本地区相应栽培季节的光温条件相适应。按照水稻分布的纬度范围和不同原产地品种的光温反应特性，我国稻区大致可分为低纬度地区（26°N以南）、中纬度南部地区（26°N～32°N）、中纬度北部地区（32°N～40°N）和高纬度地区（40N°～52°N）。晚稻只分布在低纬度地区和中纬度南部地区，早稻在低纬度、中纬度、高纬度地区都有分布，中稻只分布在低纬度和中纬度地区。因此，引种时要首先考虑本地区所处的纬度和海拔，以确定可能引入的类型。在不同纬度、不同海拔的地区间相互引种时应遵循如下原则：①南稻北引，生育期延长或不能出穗，宜引用较早熟的品种；②北稻南移，一般生育期缩短，故宜引用较迟熟的品种；③纬度和海拔大致相近的相互引种，光温条件大致相同，生育期变化小，较易成功；④平原品种引至高原种植，生育期延长，结实率降低，宜引用比较早熟的品种；⑤高原品种引至平原种植，生育期缩短，一般宜引用比较迟熟的品种。

（二）地方品种资源的改造和利用

利用地方品种的光温反应特性、耐冷性、耐盐性等来培育新的水稻品种。

（三）耕作制度的优化

（1）探讨华南稻作带的"稻–稻–麦"三熟制和三季稻连作制中的品种。

（2）探讨华中稻作带的两熟制和三熟制的品种。

（3）探讨华北稻作带的"稻–麦"两熟制中的品种。

（4）探讨东北、西北稻作带单季稻，以及"稻–麦"和"稻–油菜"两熟制中的品种。

（四）水稻品种的南繁

研究了中国水稻品种的气候生态型对各地品种在海南岛南繁的适宜播植期、南繁时生育期的变化趋势、南繁时应采取的相应栽培措施、南繁杂种后代的选汰等方面的影响、作用与结果。

第八节 ▶
中国水稻品种光温生态的应用

一、水稻品种的引种

（一）各稻作带相互引种的理论依据

我国各稻作带的自然条件和栽培条件差异甚大，多种多样品种生态型的存在，正是各种不同生态条件的反映，这是长期自然选择和人工选择的必然结果。根据我国各类型品种的光温反应特性及其性状表现特点，以及全国性熟期分类和各地区性品种熟期的对应关系，可以推知在同一稻作带内，有各种各样的生态型；而不同稻作带间也有比较接近的生态环境，尤其是光温条件或栽培条件，导致存在近似的生态型，这就为各稻作带间有目的地发展生产、优化耕作制度而相互引种提供了理论基础。

（二）引种的基本方法

引种时首先要认真研究本地区的气候条件及地方品种对光温条件的要求，同时应分析引进品种的光温反应特性，除了考虑引至本地后对当地的光温生态环境能否适应和光温反应所形成的生育期、茎叶穗粒性状与产量情况外，还必须考虑耕作制度和栽培技术，确定从何处引种？引什么类型的品种？除此之外，还必须贯彻"一切经过试验"的原则，做到：引种时品种要多些，但每个品种的种子数量可少些；种植试验时，特别要注意品种在本地区的"安全成熟期"和"产量构成性状"，并经过较大面积示范和鉴定后，再较大量引种，扩大种植面积。

为杂交育种引种优良亲本时，应该着重考虑引入品种是否具有当地所需的一个或几个优良性状，并了解其光温反应特性，使杂交后可以获得当地光温条件的生育期和优良性状相结合的新品种。

（三）水稻品种的光温反应特性与引种的关系

引入品种的光温反应特性应同本地区相应栽培季节的光温条件相接近，这是引种应重点关注的，其原因是水稻为短日照性作物，在短日高温下生育期缩短，在长日低温下生育期延长甚至不能出穗，而且品种的出穗期是由感光性、短日高温生育期、感温性三者共同作用决定的。

按照水稻分布的纬度范围和不同原产地品种的光温反应特点，我国稻区大致上可分为：①低纬度地区（26°N以南）；②中纬度地区，包括中纬度南部地区（26°N～32°N）和中纬度北部地区（32°N～40°N）；③高纬度地区（40°N～52°N）。

晚稻（感光性强、短日高温生育期短至中等、感温性中等至强）适应范围狭窄，只能分布在低纬度地区和中纬度南部地区。早稻（感光性弱、短日高温生育期短至中等、感温性中等至强）适应范围最广，低纬度、中纬度、高纬度地区均有分布，而且高纬度地区只有早稻才能出穗成熟。中稻（感光性弱至中等、短日高温生育期中等至长、感温性中等至强）适应范围在晚稻和早稻之间，只能分布在低纬度至中纬度地区种植。

引种时首要考虑的是本地区所处的纬度和海拔，这样才有可能确定引进的品种类型。因为品种的类型分布除纬度外，还受到海拔的影响；按同纬度不同海拔高度估算，海拔每上升100 m，出穗期约延迟2 d。

除了上述的方面外，引进的品种类型确定后，预先了解它们引入后在本地区的出穗期和黄熟期是很重要的。根据全国性熟期品种在各地的出穗期和黄熟期，就可以查对出品种出穗和黄熟的大概日期。

二、地方品种光温反应特性的利用与改造

地方品种是广大劳动人民在长期与自然斗争过程中选育出来的，对于不同的生态环境具有特殊的适应性，是我国宝贵的农业遗产。由于历史条件各异，原有的地方品种（农家品种）在高产性能、优良品质和抗逆性方面，不一定能符合当前稻作生产与科研的需求，但是具有特殊适应性的所谓"广适品种资源"是很难得的育种利用材料。所以，充分利用地方品种资源的特殊适应性，是加速新品种选育的有效途径。改造具有特殊适应性的地方品种的光温反应特性，扩大其适应范围，对于稻作生产和科研的作用是很大的。

（一）选育"广适性"水稻品种

利用地方品种的短日高温生育期是培育"广适性"良种的理论基础。虽然水稻品种的出穗日数是由感光性、短日高温生育期、感温性三者综合作用所决定的，但是在具备了适宜的光温条件下，短日高温生育期直接影响品种的地理分布和季节分布。

例如东北稻作带的早熟品种要达到地理和季节广泛适应性，对光温反应的要求是在感光性和感温性都较弱的基础上，短日高温生育期中等，这样的品种就能适应各地的光温条件，同时能在各种光温环境下保持较为稳定的出穗日数。当引种至西北地区栽培时可作中熟种使用，而引至华南地区种植时也能保持60～70 d的出穗日数。由于生育日数稳定，穗粒性状变化亦小，故而季节适应性和产量性状都是较好的。可以认为，前述的水稻品种光温反应型，是本地区选育"广适性"品种的重要依据。

再例如感光性弱、短日高温生育期较长的籼粳稻品种在华中、华南地区栽培时，其特点是生育日数受光温条件影响变化较小，因此这种光温反应模式就成为当地"广适性"品种选育的重要支撑。

在我国水稻育种史上，亦曾经利用水稻品种的光温反应型选育出一大批"广适性"品种，其中最为著名的有：

（1）利用短日高温生育期长的"广西矮仔占"与广东惠阳地区的农家品种"惠阳珍珠早"杂交育成"珍珠矮"后，种植推广至我国大江南北的稻作带。

（2）利用与"广西矮仔占"有亲缘关系的"广矮3784"与"陆财号"杂交育成"广陆矮4号"，其种性特点之一是适应性强、生产性能好，在华南和华中广大面积上种植超亿亩、发挥了显著的增产作用。

（二）选育耐冷性水稻品种

水稻生产的不断向前发展、耕作制度的不断优化及复种指数的日益提高，使水稻生长季节发生变化，包括提早播种和延迟出穗，这就要求苗期和结实期的耐冷性不断提高。

早季稻防苗期冷害、抑制烂秧死苗为耐冷性品种选育的主要方向。粳稻的苗期耐冷性明显优于籼稻，一般认为发生烂秧死苗的"起点"温度为粳稻10℃，籼稻12℃。粳稻的耐冷性虽然优于籼稻，但无论籼稻抑或粳稻，它们的耐冷性均是在一定光温生态条件下，长期的自然选择和人工选择下形成的一种生态特性。原产地不同，品种苗期的耐冷性亦有差别，如粳稻的苗期耐冷性由强到弱依次为西北粳、云贵粳、东北粳、华北籼、华中粳、华南粳；籼稻的苗期耐冷性由强到弱依次为云贵籼、东北籼、华中籼、华南籼；早中晚苗期耐冷性也依次减弱。

还应指出的是：利用人工控制条件对水稻不同品种实行"人工气候"模拟的耐冷性强弱鉴定的指标是8.5℃。

水稻结实期的低温冷害在华南稻作带主要是指"寒露风"的危害，其指标为23℃、持续3 d。

从全国水稻品种的耐冷性来看，西北、云贵品种苗期耐冷性最强，云贵品种的花期耐冷性亦在全国首屈一指，所以云贵和西北的

水稻品种是耐冷育种的宝贵材料。

（三）耐盐育种与光温反应

在珠江三角洲一带的滨海"潮田"有一类耐盐品种，由于"潮田"的水情随潮汐而变，因此很不稳定，每当秋旱或春季江河枯水期间常有咸潮入侵，使灌水的盐分含量升高，一般耐盐性弱的品种都不能在"潮田"栽培，而耐盐性强的品种对"潮田"的适应性是出于其光温反应特性和生理上的耐盐性共同构成的。这类品种的感光性强，在珠江三角洲作为单季稻栽培时，要9月底至10月初才能出穗，而当年中（5月、6月）来临时，水层变深，但植株此时正值营养生长阶段，耐浸能力强，由于耐盐性能好，故能正常出穗与成熟，不过它的丰产性能差，米粒红色且米质差。

近年来湛江地区通过筛选等方法获取耐盐性能较好的品种资源，且经不断的选育与改良，成功获得了一批耐盐性能优良的水稻品种，通过与袁隆平先生协作，在我国沿海地区大力推广"海水稻"的栽培初获成果。

三、水稻品种的南繁

我国海南岛南部冬季短日高温，光温条件优越，而水稻是喜温的短日性作物，日长和温度是支配水稻生长发育的重要因素，只要日照长度和温度能满足其发育需求便能正常地出穗结实。在全国水稻品种的光温反应试验中，崖县自1月27日起至11月6日的6期播种中，各品种的生育期处在当年11月至翌年5月，其旬平均温度为18.4～28.6℃，日照时数为11.35 h降至10.98 h，10.98 h升至13.08 h，此光温条件可满足水稻的生长发育要求，所以全国任何类型的水稻品种均能在此时此地出穗结实成熟。

利用海南岛南部冬季短日高温条件进行加速杂种世代繁殖、繁育优良品种、杂交水稻的繁殖和制种等。

（一）水稻品种理论一年可繁殖世代数

全国水稻品种在广州11 h定光条件下的第Ⅲ播期短日高温生育期为26～70 d，加上播种→出穗→成熟的日数，显示全生育期日数最少为60～100 d，按此推算，在人工控制条件下，各品种一年内可以繁殖的世代数，最多为6代，少的为3代。

各类品种一年内可以繁殖最多的代数是不同的。一年中繁殖代数最多的是晚稻品种，因为此类品种的短日高温生育期短，其次是早稻品种，再次是中稻品种。

崖县虽然一年四季可以种稻，但在崖县的光温条件下，水稻实际上繁殖不到这么多世代数，因为在夏季温度高的时候日照偏长，而在冬季短日照的时候温度偏低，特别是晚稻中熟和迟熟品种在崖县只能繁殖2个世代；而一般早稻和中稻可以繁殖3个世代；早稻中的最早熟品种如东北早熟粳则可以繁殖4个世代。

还应说明的是：品种在原产地种植一季后移至崖县繁种，东北、西北和华中双季早稻品种尚可繁殖2代，即一年3代。因为东北、西北品种在当地5月中旬播种，9月中旬收获，华中地区双季稻品种在当地3月底至4月初播种，7月下旬收割，至翌年春天播种尚有7～8个月的南繁时间。

华中地区的晚稻在10月下旬至11月上旬收割，华北水稻品种在10月上旬收割，还可以再繁殖一代。

（二）南繁品种的适宜播植期

水稻品种南繁的播种是否合适，是南繁工作成败的关键之一。播种过早（11月以前），生长前期处于短日高温的生态环境下，生育期显著缩短，生长后期出穗开花可能遇到低温而降低结实率，从而降低产量。播种过迟（2月后），收获后赶不上当地季节，就会失去南繁的意义，有些华南晚稻迟熟品种也会因日照延长而不能出穗。

比较有把握地确定"适宜播种期"，其原则有二，如下：

（1）掌握南繁季节的光温变化特点，以崖县冬季为例，其日照长度的变化，大致是由长变短，再由短变长，即11月稍长些，12月最短，至1月后逐渐延长，变化的幅度是11.35 h降至10.98 h，10.98 h升至13.08 h，3月中旬正好是12 h，感光性强的晚稻品种应该特别注意此种情况。为了保证安全出穗，避免低温影响，且又不至于因3月底以后的日照过长而影响出穗，这类晚稻品种应严格掌握播种期，不宜推得过迟。感光性弱的其他品种，播种期的伸缩性较大。

"中间低、两头高"是南繁时温度变化特点。崖县从11月上旬开始温度下降，至1月中旬温度最低，从2月上旬开始温度又逐渐回升。其变化幅度为18.4～28.6℃（1—5月），从这样的温度变化来说，是可以满足水稻生长发育要求的，但如出穗扬花期遇低温胁迫，对结实率便有较大影响，这是值得关注的。此地冷空气多出现于1月，12月及2月次之，平均温度最低约15℃，绝对冷温则可达3.5℃，但持续时间只有1～2 h，这样的温度对温度反应敏感的品种是有影响的。因此，在3月上旬出穗最为理想。

（2）不管什么类型的品种，首先应考虑把出穗期安排在3月上中旬，然后往前推算播种期。其理由是：①此时温度回升较稳定，抽穗安全系数高，后期结实好，产量高；②任何品种在此时安排出穗，均能满足其生长发育所需的光温条件；③生长前期低温，后期高温的温度变化模式，对水稻的生长发育比较有利，尤其是对生育期缩短较多的品种更为有利；④除广东的早稻和有些地区品种需要将种子运回原地播种显得时间较紧以外，其他地区品种都能赶上季节；⑤若将播种期提早至11月上旬，对大多数品种来说是不适合的，因为此时播种的大多数品种的出穗期在当年12月下旬至翌年2月上旬，正值低温胁迫多的时期，对结实不利。

杂交水稻制种田的花期，也应安排于3月上旬，若把花期安排在低温阶段，其受到低温胁迫的影响比一般的常规品种要大，因为异花授粉对低温敏感，会导致部分花粉发育不良而败育，影响到异交结实率，从而降低制种产量。

（三）对杂种后代的选择

杂交育种工作中杂种后代选择的正确性是甚为关键的。在南繁时因光温条件的改变，使杂种后代的表现亦相应引起一系列的变化。例如生育期缩短，导致株形改变，从而令株高变矮、茎蘖数量下降、叶片数目减少、穗数和粒数亦相应地减少。也有在南繁过程中生育期延长的，此时植株的株形变好、穗粒性状也有所改善。还有一种情况是南繁时的生育期与在原产地栽培时大致相等、变化不大，此时植株的茎、叶、穗、粒性状也和原产地一样，对其进行选汰时正确率较高。

还应说明的是：有些晚稻杂交组合会发生熟期性颠倒的现象，即原产地早熟的品种南繁时变为迟熟品种，有的则是迟熟品种变为早熟品种。这种变化，无疑增加了选择的难度。因此，为了防止错选、漏选，应该倡导：①在没有掌握南繁选育规律和方法以前，把南繁作为加速世代进程的手段，先进行混合选择，回到原产地正常季节栽培条件下再进行系统选择，以防止错选、漏选的情况发生；②若株叶形态、穗粒性状等与原产地差异不大，仅仅只是植株生长量变小，这时这些性状可以作为选择依据；③根据生育期变化选择，若南繁时生育期变短，则选择指标应降低，若南繁时生育期变长，则选择指标应提高，若南繁时生育期不变，则选择指标应不变。

感光性较强的晚稻组合，同一植株中常常发生主穗先出先熟、分蘖穗后出后熟的"两段灌浆现象"，主穗和分蘖穗的成熟时间相差10 d左右。

凡群体内早熟、植株偏矮偏小、出穗不齐者，属感光性强；凡群体内迟熟、植株高大、出穗整齐且穗部性状表现优良者，属感光性弱、短日高温生育期长的类型。

早籼品种表现早熟的，在原产地也表现早熟，因此可以在崖县南繁时做初步选择。

F_2分离类型多，是选汰的重要世代，一般应回原产地进行选择，以防止错选、漏选现象的发生。

（四）科学的栽培技术措施

（1）选择适宜秧龄。生育期显著缩短的材料（品种），尽量采用嫩秧，秧龄20 d即可移栽。如遇冷温秧苗生长慢，亦可用铲秧带土移栽技术，尽量延长本田生育期以提高产量水平。

（2）合理施肥。按照科学的季节安排，选择适合的播种期播种后，苗期主要防低温胁迫，移至大田后要求达到早生快发的目标，因此基肥宜"足而重"，追肥要"适而早"。此类施肥技术，对生育期缩短的常规水稻品种和杂交稻的早熟不育系具有重要意义。当然，施肥亦不可过多过猛，以免后期温度回升，残肥迅速分解而致禾苗暴长，最终影响产量。

四、水稻品种的光温生态与耕作栽培措施的优化

随着我国目前对粮食的需求越来越大，为了避免因粮食问题受制于人，"把中国人的饭碗牢牢地端在自己手中"，提高粮食单位面积产量和总产量是摆在全国人民面前的重要任务。水稻是我国最主要的粮食作物，60%以上中国人以大米为主食，提高水稻产量就当仁不让地成为中国人的光荣任务与义务，作为水稻科研工作者更是义不容辞。

提高水稻产量的有效途径：一是选育高产、优质、多抗的新品种、新组合；二是优化耕作制度、增加复种指数和提高栽培技术水

平。为了达到新的增产高度，要求育成的新品种能适应耕作栽培措施，做好茬口安排和品种搭配。

因为我国稻区的光温条件各异，水稻品种的光温反应型亦迥异。因此，不同稻作带要求栽培不同生态型的水稻品种，以适应不同的耕作栽培措施。

（一）华南稻作带的耕作栽培模式

华南稻作带在原本双季连作稻区的基础上，曾经推行过"稻–稻–麦""稻–稻–菜""稻–稻–冬闲""稻–稻–稻"的耕作栽培模式，但多数没有取得极大成功。

"稻–稻–稻"三季连作稻的试验曾在梅县地区进行过，晚稻的植期比原有双季连作稻的推迟20多天，要保证适期出穗以避过秋季"寒露风"等低温胁迫才能高产稳产。由于植期改变，本田生育期缩短，适应三季连作稻要求的晚稻品种难以定型化；而"稻–稻–稻"连作制中对早稻要求相应提早播植期，所以对早稻品种的耐冷性得以加强，对其防止发生烂秧死苗的品种抗逆能力要求亦很高。另外，三季连作稻中，中稻的本田生育期不宜超过70 d，生育期越短越有利于晚稻的季节安排，故早熟也是个重要前提。一般情况下华南中稻籼的光温反应型为"弱–中–强"型和"弱–长–中"型，其主要特点是感光性弱，生育期主要受控于短日高温生育期，而对温度的反应特点是：要求的适温较高，低温时发育慢，适温（25℃左右）发育快，温度超过一定范围（28℃以上）又表现出钝感，故可根据中稻的这种光温反应特性来选用中稻品种。

"稻–稻–稻"三季连作没有取得极大成功的原因，除了缺乏可利用的理想品种，中稻栽培时的病害、虫害、鸟害严重及防病防虫次数急增，促使生产成本的急速提高外，劳动力安排的矛盾亦难以彻底满足改制需求等，这些均为华南稻作带三季连作稻难以推广的原因之一。

"稻-稻-麦"是华南稻作带提高复种指数的又一尝试。"稻-稻-麦（菜）"必须适当提早晚稻的成熟期，以便在10月底以前播种小麦，避免早春低温阴雨对小麦结实期的影响，以改变小麦历史性的低产面貌，才能达到高产稳产。因为缺乏适应"稻-稻-麦"三熟制的优良稻麦品种及面临缺乏劳动力的困难局面，这种耕作栽培模式难以取得极大成功便在情理之中了。

（二）华中稻作带"双、三制"耕作栽培制度的优化

华中稻作带"单改双"指单季稻改为双季稻，"双改三"指双季稻改为"稻-稻-麦""稻-稻-油菜"，这种改制模式反反复复，难以定型。除了品种问题以外，其他干扰其获得成功的因素亦不少。

（三）华北稻作带"稻-麦"两熟制中的品种问题

合理调整品种播种期，利用当地适宜光温反应的稻麦品种；引种适于改制茬口的品种；改变前茬作物布局。

（四）东北、西北稻作带单季稻和"稻-麦（油菜）"两熟制的品种问题

东北、西北稻作带当前仍以单季稻为主，但辽宁、宁夏，以及新疆的莎车、伊犁等地也有推广"稻-麦（油菜）"两熟制。在品种问题上，单季稻主要是结合当地气候生态特点，培育新品种，进一步提高单产；发展两熟制主要是选用适应新耕作制茬口安排的品种。

第五章

光温组合对两系法水稻核不育系的影响

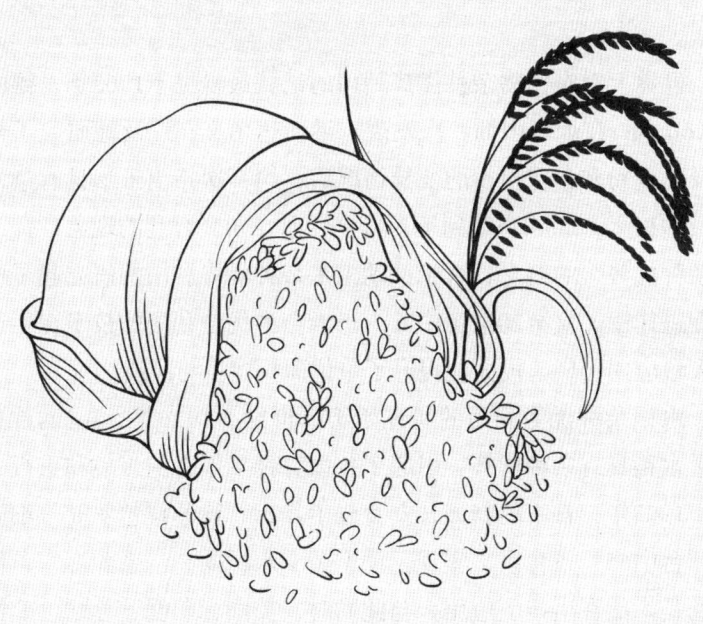

第一节 ▶
作物杂种优势的概念

"作物杂种优势"一般是指两个遗传组成不同的亲本杂交产生的F_1优于双亲的现象。具体地说，F_1在生长势、生活力、繁殖力、抗逆性、适应性、产量、品质等方面都较之双亲要优越。利用F_1的超亲性状实现经济效益的最大化，此乃谓"作物杂种优势利用"。

人类对杂种优势利用的认识可追溯至1 500年前，曾记载了马和驴杂交产生的骡子在适劳役与耐粗饲等方面具有超亲的优势；1637年著就的《天工开物》一书中记载了养蚕业中利用杂种优势的事实。

世界上对农作物杂种优势利用的记载最早见于1763年，德国学者Kolreuter在烟草中的首次发现，继而达尔文在广泛地研究了植物的异花授粉和自花授粉的变异情况后，第一次指出玉米具有杂种优势；1914年，Shull观察到玉米自交衰退、杂交有利的现象，提出了"杂种优势"的概念，对于推动玉米杂种优势利用的研究起了极大的促进作用，直至20世纪中叶，玉米杂种优势利用的技术在生产中被大量应用推广，极大地提升了单位面积产量与品质。

水稻杂种优势利用的研究始于20世纪：1926年，Jones首先提出了水稻具有杂种优势，引起了各国育种工作者的兴趣和重视，进而于1968年，日本的新城长友育成了具有"钦苏拉包罗Ⅱ"细胞质的"台中65"不育系，实现了粳型杂交水稻的"三系配套"，但遗憾的是未能在生产上应用。与此同时，美国、印度、苏联、菲律宾也先后开展了此项研究，但均未实现三系配套。

1964年，我国学者袁隆平先生开始了水稻杂种优势利用的研究工作；1970年，他的学生李必湖在海南岛崖县的普通野生稻自然群落内发现花粉败育型不育材料，并利用这一材料育成了一系列水稻雄性不育系。1973年，我国首次实现了籼稻杂种优势利用的三系配套，其后又相继实现了粳型三系配套，选育出一大批不同类型的杂交水稻组合，在生产上大面积应用推广，普遍表现出强大的杂种优势，比主栽的常规稻品种增产20%左右，获得了巨大的社会效益和经济效益。

1973年，湖北沔阳县（现名仙桃市）沙湖原种场的石明松在单季晚稻"农垦58"的大田中，发现了3株雄性不育株，利用这3株不育株自然结实的种子，于1974年分株进行单株移栽比较，其中一株行无发生形态变异且表现整齐一致，但在育性上分为不育和可育两种类型。不育株外观与"农垦58"相似，作双季晚稻播种时生育期为115～125 d，比"农垦58"早熟7～10 d；1975—1980年，对发现的不育株测交、回交以寻找保持系时，发现在晚期分蘖和再生分蘖上能自交结实。1980—1981年继续做分期播种试验，并结合每期播种至始穗前15 d的日平均温度和日照长度与育性进行相关分析，发现温度与育性的相关不显著，而日照长度与育性的相关系数$r = 0.9067$，达极显著水平，故认为日照长度是"农垦58"不育材料（即"农垦58S"）育性变化的主导因子。石明松在此基础上提出了利用自然两用系的设想——"一系两用"，即长日高温下制种、短日低温下繁种。上述即为水稻光敏核不育系的原始由来。

直至20世纪80年代末，我国水稻科研工作者又发现了温敏核不育系水稻，其育性转换取决于温度高低，光照对它们的育性转换影响很小或者几乎没有影响。1989年，孙宗修等利用系列人工控制的光温条件对福建育成的籼型核不育系"5406S"进行育性鉴定后发现："5406S"的雄性不育性是非光敏性的，它的育性转换与表达仅受温度控制。与此同时，日本学者报道从粳型水稻"黎明"的辐射后代内选择到了温敏型雄性不育系"H89-1"；国际水稻研究所用25 kR的γ射线辐照籼型"IR32364-20-1-3-2B"后，获得了温敏型雄性核不育系水稻突变体"IR32364S"。进一步的研究证实，多数具有育性转换特性的籼型核不育系具有温敏不育特性，它们在高温下表现为雄性不育，在低温下表现为雄性可育，"W6154S""安农1S""5460S""N98S"等均属此种类型。

后续的研究又发现上述光敏或温敏雄性不育水稻中，有许多不育系的育性受光温条件的共同影响，被称为"光温互作型"核不育系。这一类不育系和光敏型核不育系、温敏型核不育系的育性转换特性不完全相同，即其育性转换既受光照的影响，同时也受温度的制约。而且在光温互作型核不育系内又大致可分为"光温型"与"温光型"2个亚类，前者育性转换的条件是以光照长度为主，温度起协调作用，当光照长度在其光长临界值附近时，高温诱导不育，低温诱导可育；后者育性转换的条件则是以温度为主，光照长度起协调作用，当温度在其不育临界值和可育临界值之间时，长光照能导致不育，短光照可导致可育。

由上可知，至今我国两系法杂交水稻核不育系根据育性转换的光温生态条件要求不同而分为以光照长度主导育性转换的光敏核不育系、以温度主导育性转换的温敏核不育系和以光温互作主导育性转换的光温敏或温光敏核不育系。

在上述这几种不同类型的两用核不育系水稻中，目前生产上应用比较广泛的是"光温敏"和"温光敏"核不育系，即光温互作主导育性转换的核不育系。但是，地球上的自然光温条件是不能随机组合的，所以下面就不同光温组合对各类核不育系其育性转换的情况做简要讨论。

第二节 ▶
光温组合对粳型光敏核不育系育性转换的影响

1987年，贺浩华等首次报道了不同光温组合条件对粳型光敏核不育系"农垦58S""双8-2S"用人工气候箱和分期播种的方法，获得高、中、低3档温度，用自然光照和人工补充光照、暗室短光照相结合获得不同光长。对幼穗分化进程、花粉不育率、自交结实率、自然结实率调查结果显示：供试材料的育性转换除受光照因子影响外，还有温度的协调作用，即存在光温组合效应。在一定的低温条件下，长光不能诱导不育，说明长光照诱导不育还要求一定的温度，但两个不育系接受长光诱导不育所需的温度不同，"农垦58S"育性转换的温度范围比"双8-2S"要宽。"双8-2S"要求在较高的温度下才能表现长光不育。据此，更进一步指出对新选育的不育系的育性特性做鉴定时，应该注意长光诱导不育所需的温度。后来的研究支持了上述结论，如李丁民用人工气候箱对"农垦58S"做短日高温（11 h/30℃）处理后，其花粉败育率达88.9%、自交结实率仅7.4%，出现高温使短日条件下可育性降低的现象。再如，孙宗修等用"农垦58S""N5047S""31111S"和"WD1S"等11个粳型不育系在人工气候箱条件下进行不同的光温组合处理后，进一步明确了粳型光敏核不育系的育性表达受光温的双重影响，并以光的影响为主（表5-1）。由表5-1可见被处理的不育系在15.0 h的长日照和29.6℃的高温下，自交结实率为0，或者接近0；在12.0 h的短日照和23.6℃的低温下，育性均能恢复，结实率提高；但在15.0 h长日照和23.6℃的低温条件下或者12.0 h短日照和

29.6℃高温条件下，其育性出现不同程度的转变：即长日低温下会少量结实而在短日高温下的结实率偏低。上述这些充分说明，不同的光温组合对粳型光敏型核不育系水稻育性的影响是明显的。

表5-1　不同光温处理下粳型光敏核不育系的自交结实率

材料	光温处理组合/%			
	23.6℃/12.0 h	23.6℃/15.0 h	29.6℃/12.0 h	29.6℃/15.0 h
农垦58S	26.0 ± 14.3 A	0.2 ± 0.7 C	7.5 ± 7.2 B	0 C
N5047S	7.7 ± 9.6 A	0 B	0.9 ± 1.3 B	0 B
31111S	16.0 ± 21.5 A	—	1.8 ± 1.5 B	—
WD1S	2.3 ± 5.1 A	0 A	0 A	0 A
中明-2S	31.7 ± 20.7 A	1.8 ± 1.8 B	2.8 ± 3.3 B	0.2 ± 0.5 B
滇寻1号A	11.7 ± 14.5 A	2.7 ± 1.8 B	0.3 ± 0.7 C	2.4 ± 2.2 BC
5460S（对照）	57.2 ± 9.2 A	43.3 ± 17.9 A	0 B	0.1 ± 0.3 B
农垦58S（对照）	70.7 ± 20.9 A	64.5 ± 23.4 A	38.9 ± 4.0 A	68.3 ± 21.6 A
六千辛B（对照）	53.2 ± 11.2 A	58.5 ± 24.3 A	56.7 ± 22.8 A	—
滇寻1号B	96.1 ± 2.2 A	98.4 ± 1.7 A	65.9 ± 11.1 B	45.4 ± 4.0 B
六千辛A（对照）	0 A	0.7 ± 0.9 A	0.5 ± 1.1 A	—

注：同一材料数据后的字母相同表示自交结实率的平均数在5%水平上差异不显著；温度模拟自然条件做周期性变动，所示温度为日加权平均温度；"—"表示抽穗不正常。

第三节 ▶
光温组合对籼型核不育系育性转换的影响

一、相同光长下不同温度对核不育系育性转换的影响

一般情况下地球上某一地点的日长的变化是有规律的，它是呈"短-长-短"的年变化，图5-1是广州地区自然条件下的日长年变化，上半年日长由"短-长"，下半年则变为由"长-短"。

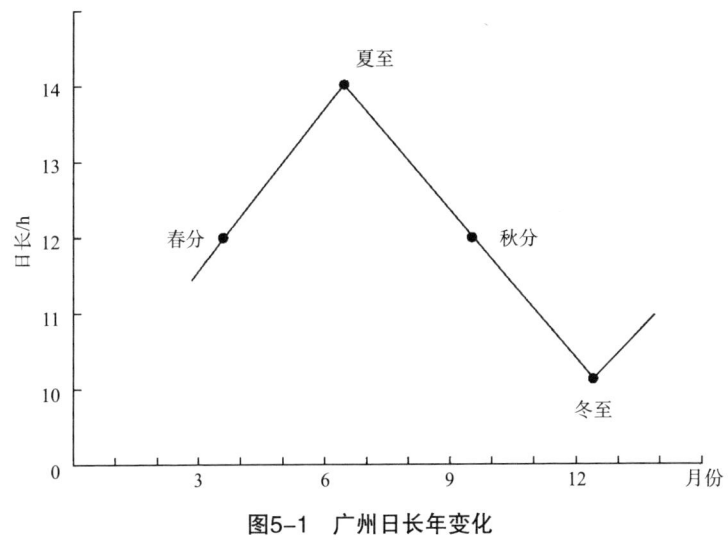

图5-1　广州日长年变化

另外，同纬度地区相同时段内的光长是相同的，由于同纬度下海拔的差异或者受到小气候的影响，会出现光长相同而温度有明显差异的生态环境：同纬度地区随着海拔的上升，温度不断下降，例

如我国中纬度地区的大气年平均温度递减率为0.6℃/100 m。因此，可利用在同纬度地区相同时间、不同海拔点的不同自然温度对两系法杂交稻不育系育性转换的影响进行观察研究，探讨温度因子对育性的诱导作用和不育系间对温度反应的差异。

1990年，张自国等在我国云南元江县境内的元江、曼旦、猛仰堰、因远4个不同海拔（分别为400 m、800 m、1 230 m、1 600 m）而纬度基本相同的试验地点，对籼型雄性不育系"W6154S""W7415S"等进行了两年育性转换观察。结果表明，"W6154S"和"W7415S"在不同海拔条件下诱导不育的温度条件有差异（图5-2）。由图5-2可以看出"W7415S"在海拔400～1 600 m的4个试点中均存在明显的育性转换，且随着海拔升高，不育期缩短；"W6154S"仅在海拔400 m和800 m的2个试点中存在着育性转换，而在1 230 m和1 600 m的试点中则无明显的不育期。"W6154S"和"W7415S"的育性差异与诱导其不育或可育的临界日长、临界温度指标有关（表5-2），正是这些差异导致了不同不育系的适应稻区不同。通过在云南元江不同海拔条件下对籼型不育系育性观察得到的基本结论是：在光长大致相同的情况下，温度对籼型光敏、温敏核不育系育性转换特性有明显的影响。

表5-2　诱导籼型不育系不育和最适可育的临界光温条件

不育系	不育条件			最适可育条件	
	最短日长/h	最低温度/℃	结实率/%	最适日长/h	最适温度/℃
W6154S	13.45	26.3 ± 0.9	55.1 ± 22.8	13.57	25.0 ± 1.2
W7415S	12.13	19.6 ± 0.9	54.0 ± 16.0	13.23	21.8 ± 1.6

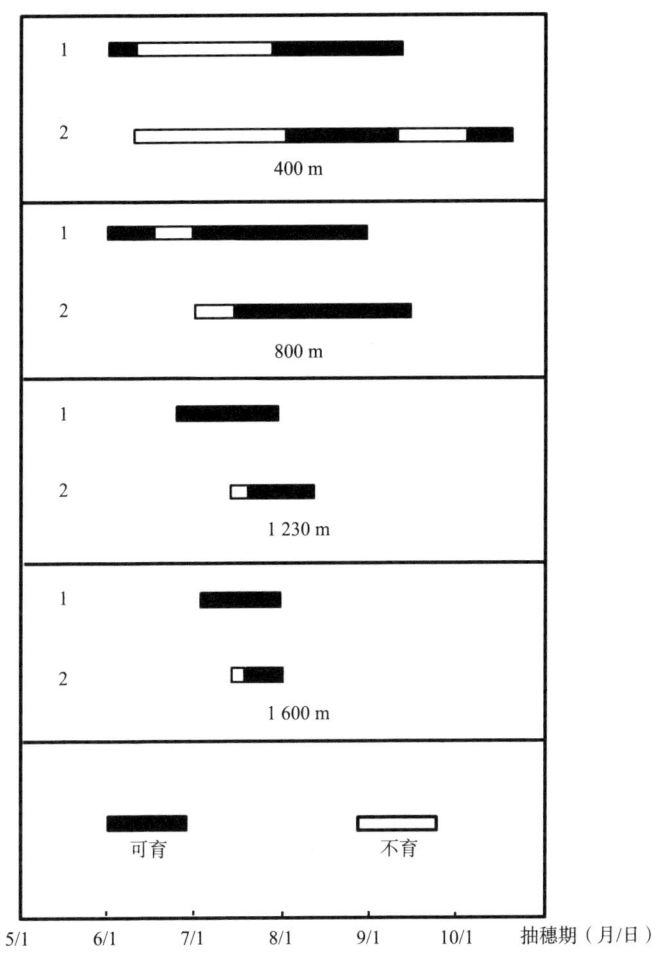

图5-2　供试籼型不育系在不同海拔条件下的育性转换

注：图中"1"指"W6154S"，"2"指"W7415S"。

　　再如，近年来广东省农业科学院水稻研究所用"培矮64S""NC2100S""863S（9）""M23S"等45个籼型不育系在人工气候箱条件下进行不同的光温组合处理后，进一步明确了籼型不育系的育性表达受光温的双重影响（表5-3）。

表5-3 不同光温处理下籼型光温敏核不育系的自交结实率

材料	光温处理组合/%											
	23℃/11.5 h	23℃/12.5 h	23℃/13.5 h	23℃/14.5 h	24℃/11.5 h	24℃/12.5 h	24℃/13.5 h	24℃/14.5 h	28℃/11.5 h	28℃/12.5 h	28℃/13.5 h	28℃/14.5 h
NC2100S	3.88±4.29		3.27±4.52		11.35±4.58	0.50±1.50	5.33	0.07±0.23	0±0		0±0	0±0
培矮64S	1.30±1.56		0.10±0.34		0.18±0.42	0±0	0±0	1.67	0±0		0±0	0±0
863S（9）	1.80±5.78		0±0		0±0	7.76	1.36	0±0	0±0		0±0	0±0
M23S	0±0		0±0		0±0	0±0	0±0	0±0	0±0		0±0	0±0
玉-1S	0±0		0±0		0±0	0±0	0±0	0±0	0±0		0±0	0±0
桂85S	7.75±4.93		5.75±4.81		5.28±2.98	1.06±1.19	1.00±1.21	0.07±0.24	0±0		0±0	0±0
2306S	80.65±11.05		76.05±14.37		75.1±24.67	50.12±23.82	48.39±28.35	46.01±28.13	0±0		0±0	0±0
863S（15）	4.13±16.69		0±0		2.00	7.65	0±0	0±0	0±0		0±0	0±0
GD6S	56.69±36.62		36.53±35.20		15.11±20.14	12.23±18.86	2.94±4.63	17.47	0±0		0±0	0±0
GD5S	26.20±13.92		24.58±11.84		0±0	0.31±0.86	0.08±0.27	0.80	0±0		0±0	0±0
2148S	23.23±25.80		5.59±13.01		0±0	4.96±5.11	0.21±0.56	0±0	0±0		0±0	0±0
0098S	0.85±0.14		0.69±1.72		0.58±1.22	0.15±0.48	0.07±0.24	0±0	0±0		0±0	0±0
N5S	3.20±4.96		0±0		0±0	0±0	0±0	0±0	0±0		0±0	0±0
新华S	51.98±13.33		42.94±10.01		35.20±18.17	25.78±21.40	23.20±22.38	17.71±13.48	0±0		0.05±0.19	0±0
GHS	0±0		0±0		0±0	0±0	0±0	0±0	0±0		0±0	0±0
新安S	19.79±25.04		2.00±3.11		1.84±3.78	1.01±1.19	0±0	0±0	0±0		0±0	0±0
885S	0±0		0±0		0±0		0±0		0±0		0±0	0±0
887S	1.88±3.03		5.20±8.84		0±0		0±0		0±0		0±0	0±0
890S	17.22±17.26		0±0		0±0	0±0	0±0	0±0	0±0		0±0	0±0
W9834S		0±0								0±0	0±0	0±0
HG-1S	17.09±12.10	17.94±16.89	4.91±4.22	18.98±13.74	2.19±4.21	0.37±1.30	0.23±0.61	0.64±1.98	0±0	0±0	0±0	0±0
粤光S-2	2.00±4.00	1.32±3.12	0.29±1.73	0.18±0.39	0.89±1.40	0.33±1.15	0.29±0.54	0.19±0.65	0±0	0±0	0±0	0±0
粤光S-1	0.16±0.32	0.06±17.53	0.05±0.17	0.10±0.24	0.24±0.65	0±0	0±0	0±0	0±0	0±0	0±0	0±0

续表

材料	光温处理组合/%											
	23℃/11.5 h	23℃/12.5 h	23℃/13.5 h	23℃/14.5 h	24℃/11.5 h	24℃/12.5 h	24℃/13.5 h	24℃/14.5 h	28℃/11.5 h	28℃/12.5 h	28℃/13.5 h	28℃/14.5 h
N57S	51.95±11.31	43.81±12.52	12.59±9.98	3.39±4.41	29.19±16.44	46.99±8.19	13.85±10.94	19.23±11.55	0.37±0.67	0±0	0±0	0±0
N72S	1.47±3.48	0.21±0.47	0.53±1.82	0±0	1.96±3.96	0.29±0.70	0±0	0±0	0±0	0±0	0±0	0±0
金粤S	40.20±21.82	42.57±15.31	15.45±16.72	8.42±7.90	33.37±18.25	43.37±22.77	5.23±12.03	4.65±9.65	0±0	0±0	0±0	0±0
228S	38.54±26.52	34.87±29.02	2.89±7.07	3.09±4.78	0±0	0.19±0.66	1.27±2.13	0.12±0.41	0±0	0±0	0±0	0±0
K1	3.17±7.19	0.77±1.73	0±0	0±0	0±0	0±0	0±0	0±0	0±0	0±0	0±0	0±0
K2	0.78±2.00	13.17±30.76	0±0	0±0	6.94±24.06	0±0	13.61±26.20	0±0	6.87±23.79	0±0	0±0	0±0
GD-5S	3.08±5.64	0.42±1.44	0±0	0±0	0±0	0±0	0±0	0±0	0±0	0±0	0±0	0±0
F0504-1S	36.87±9.59	41.12±29.80	38.79±33.79	1.93±4.07	2.44±3.93	1.36±2.39	0±0	0.06±0.21	0±0	0±0	0±0	0±0
F0504-5S	26.23±19.50	0.51±1.20	13.82±17.97	5.36±10.79	4.92±11.15	3.01±5.87	0±0	0±0	0±0	0±0	0±0	0±0
粤光S	8.50±5.35	10.88±10.89	6.06±4.28	4.79±2.33	0±0	0±0	0±0	0±0	0±0	0±0	0±0	0±0
金9S	20.27±26.04	12.21±17.28	1.79±3.76	0.53±0.77	2.16±7.18	0.16±0.53	0±0	0±0	0±0	0±0	0±0	0±0
HN1#	4.62±7.14	4.54±6.96	0.81±1.36	0.53±0.77	2.16±7.18	0.16±0.53	0.087±0.30	0±0	0±0	0±0	0±0	0±0
HN2#	14.11±23.86	6.76±11.45	9.47±17.56	1.05±1.47	20.27±30.85	3.80±7.04	0.13±0.30	2.18±6.97	1.01±1.71	0.73±1.45	0.76±2.16	0.42±1.26
NF02	7.57±10.77	11.91±11.59	8.15±13.00	0.83±0.84	0±0	0.87±1.84	0±0	0.10±0.32	0±0	0±0	0±0	0±0
NF03	11.29±17.31	6.80±7.59	23.93±29.62	0±0	1.39±4.81	0±0	0±0	0±0	0±0	0±0	0±0	0±0
农1S	0.18±0.42	0.15±0.35	0.19±0.44	0.06±0.20	0.12±0.41	0±0	0±0	0±0	0±0	0±0	0±0	0±0
桂118S	46.52±31.59	56.89±22.34	40.05±32.03	58.75±24.23	14.64±13.97	31.56±22.25	18.23±18.43	22.49±16.56	1.55±2.44	2.78±6.34	1.95±1.86	1.58±1.93
粤光3S	1.81±4.06	3.34±6.88	21.17±29.06	11.24±26.53	0.73±2.53	7.63±19.48	0±0	0±0	0±0	0±0	0±0	0±0
粤晶1S	0.36±1.26	0±0	0.55±1.02	0.11±0.39	0±0	0±0	0±0	0±0	0±0	0±0	0±0	0±0
粤光4S	80.33±12.44	70.74±15.89	82.67±14.66	61.94±23.46	8.43±13.09	19.57±21.36	28.37±24.93	44.68±29.45	0.20±0.70	0±0	0±0	0±0
粤光10S	0.00±0.00	0.00±0.00	0.00±0.00	0.00±0.00	0.00±0.00	0±0	0±0	0±0	0±0	0±0	0±0	0±0
粤光12S	0.00±0.00	31.75±33.70	0.00±0.00	9.19±15.99	0.00±0.00	3.92±8.79	0.00±0.00	0.63±2.19	0±0	0±0	0±0	0±0

二、人工光温组合对不育系育性转换的影响

（一）光温组合与育性转换

自从发现光敏核不育系粳稻"农垦58S"以来，各地通过转育和其他方法育成了一大批新不育系，这些不育材料对光温反应各不相同，曾经被冠以"光敏不育系""温敏不育系""光（温）敏不育系"等名称。但是，由于大多数试验是在大田自然光温生态环境下进行的，而且试验的条件各不相同，故而所得结果有时并不能真实地反映不育系的光温反应特性，而且在不同的不育系之间其育性转换的光温特性亦难以比较。就对温度反应影响较敏感的不育系而言，导致上述情况的发生就更难避免。在自然条件下，同一地区的温度变化较难在长时期内做出准确预报的变量，且人们不可能在不同时段内重复展现其温度变化，更不能在不同地区的相同时段实现相同的温度变化，这就会对试验结果的重现性造成极大的障碍。再者，如前所述，自然界内的光温条件是不能随机组合的，很难把光长与温度两个因子对育性的作用独立分析。所以为了避免这方面的不足，达到提高试验重现性和可比性的目的，人工模拟生态环境，尤其是模拟光温组合是经常采用的手段。在人工气候模拟中，人工气候箱最具实用价值。应当指出，虽然人工模拟光照难以达到太阳光谱的组成成分，即光质与太阳光谱间存在一定差异，但光长可以人为地调控。另外，人工气候设备内的送风均采用垂直气流交换的方式，与自然界内"风向"的空气水平流动也相差甚远，但是人工气候箱内的温度设置可按人为要求做模拟，能够实现温度时间变化的重演，只要人工气候设备（箱）的型号相同，在不同时间、不同地点也能做到相同温度变化，从而保证了试验的重现性，同时也增强了结果的可比性。

还要指出的是：在研究"温敏""温光敏""光温敏"核不育

系水稻育性转换过程中的"温敏性"时，应当分清如下概念，即由于低温胁迫导致雄性不孕的"临界温度"和导致雄性从可育状态到不育状态的"不育起点温度"，以及从不育状态到可育状态的"可育起点温度"。不育起点温度对"温敏""温光敏""光温敏"核不育系杂交稻制种甚为重要，而可育起点温度则与繁种密切相关。在实际应用中，测定核不育系的"不育起点温度"在一般情况下较之测定"可育起点温度"更为重要。下面将阐述国家"863"计划"101-01"专题对于新育成的籼型"温敏"核不育系，在广东省农业科学院水稻研究所进行"可育→不育"的育性转换起点温度的测定方法。

（二）人工条件下的不育系育性转换"起点温度"的测定方法

1. 供试材料

供试材料见表5-4。

表5-4　供试材料基本情况

供试材料名称	类型	育成单位
N31S	籼型两系法杂交稻	华南农业大学农学系
2558S	籼型两系法杂交稻	四川农业大学水稻研究所
培矮64S	籼型两系法杂交稻	江苏农学院农学系
测64S	籼型两系法杂交稻	国家杂交水稻工程技术研究中心
644S	籼型两系法杂交稻	国家杂交水稻工程技术研究中心
W9046S	籼型两系法杂交稻	湖北省农业科学院粮食作物研究所
培矮64S（对照）	籼型两系法杂交稻	国家杂交水稻工程技术研究中心
粳籼89（对照）	籼型常规水稻品种	佛山市农业科学研究所

2. 人工气候箱温度、光照设置

人工气候箱的温度、光照设置见表5-5。

表5-5　人工气候箱试验条件设置

温度/℃				光长/h	光照强度/lx	诱导生育期	诱导时间/d		RH/%
21	23	26	28	13.0	15 000	花粉母细胞形成期	3	7	≥75

根据广州地区的日长度情况（图5-1），早稻花粉母细胞形成期约在5月中旬，此时的日照长度为13.14～13.35 h，故而设置人工光照的时数为13.0 h，这样既与广州地区的实际日照长度较为吻合，又符合不育系对短日照要求的原则；在温度设置方面，过去对晚季籼稻始穗期低温胁迫的研究结果认为，20℃是导致不孕的"临界低温"，为了与诱导籼型温敏、温光敏、光温敏不育系由可育→不育的"起点温度"区别开来，所以试验中采用的温度下限为21℃。

3. 调查项目

（1）小穗不育度。

（2）不育系生育过程中的每日最高、最低温度和平均温度（图5-3）。

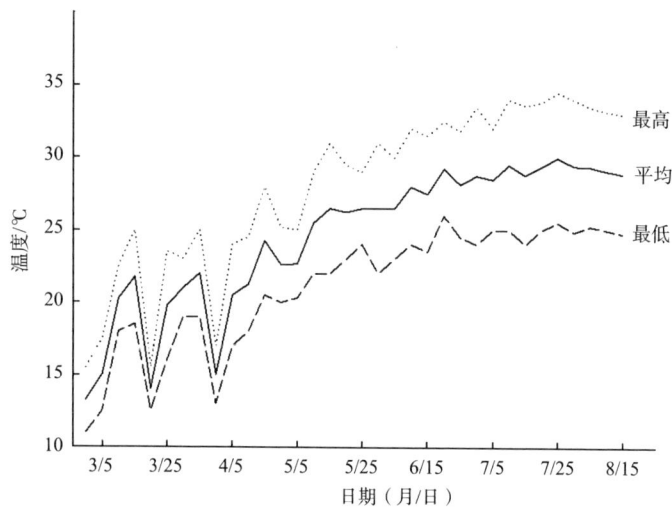

图5-3 不育系生育期中的温度变化

4. 试验结果

由图5-3可知，各不育系在其生育过程中的温度日变化是适宜的，因为没有遇到灾害性天气现象，故植株生长发育正常。

同一不育系在不同温度和诱导天数下小穗不育度的差异如下：

21~28℃范围内，无论诱导7 d或者12 d，结实率经arcsin$x$转换后对其进行方差分析，F值达不到5%差异显著水平，表现出在此种试验条件下不育系的育性没有发生根本性的变动，处理温度和诱导天数的作用为"0"，"测64S"和"培矮64S"属此类型。

不育系"W9046S"在诱导时间长短不同而引起结实率的arcsin$x$的差异显著性比较中，可以见到12 d与7 d诱导时间之间是存有本质不同的（表5-6），它达到了1%的差异极显著水平。而处理温度及"温度×诱导时间"则达不到5%差异显著水平。

表5-6 "W9046S"在不同诱导天数下平均结实率的arcsin$x$的差异显著性比较

处理天数/d	$\bar{x}$	$\bar{x}-5.83$
7	5.83	—
12	14.18	8.35**

注：$D_{0.01}=1.55$；$D_{0.05}=1.16$；**表示达到1%差异极显著水平。

"644S"在不同温度处理下结实率的arcsin$x$方差分析结果显示：F值达1%差异极显著水平。q测验又进一步显示：21℃的结实率显著高于23℃，达5%的差异显著水平（表5-7）。

表5-7 "644S"在不同温度处理下平均结实率的arcsin$x$的差异显著性比较

处理温度/℃	$\bar{x}$	$\bar{x}-0$
28	0	0
26	0	0
23	0	0
21	0.18	0.18*

注：$D_{0.01}=0.24$；$D_{0.05}=0.18$；*表示达到5%差异显著水平。

由"N31S"结实率的arcsin$x$方差分析的结果可见：处理温度、诱导天数的F值均达到1%差异极显著水平，但是"温度×诱导天数"的相互作用其F值达不到5%差异显著水平。从q测验可知（表

5-8与表5-9）：23℃的低温下其自交结实率有明显提高，以及12 d诱导自交结实率的效果亦明显地比7 d的高。

表5-8　"N31S"在不同诱导天数下平均结实率的arcsin$\sqrt{x}$的差异显著性比较

诱导天数/d	$\bar{x}$	$\bar{x}$-89.93
7	89.93	—
12	103.70	13.77**

注：$D_{0.01}$=2.738；$D_{0.05}$=2.050；**表示达到1%差异极显著水平。

表5-9　"N31S"在不同温度处理下平均结实率的arcsin$\sqrt{x}$的差异显著性比较

处理温度/℃	$\bar{x}$	$\bar{x}$-11.56	$\bar{x}$-14.02	$\bar{x}$-16.88
28	11.56	—	—	—
26	14.02	2.46	—	—
23	16.88	5.32**	2.86*	—
21	22.10	10.54**	8.08**	5.22**

注：$D_{0.01}$=3.37；$D_{0.05}$=2.73；*表示达到5%差异显著水平；**表示达到1%差异极显著水平。

不同不育系在相同温度和诱导天数下小穗不育度的差异情况为：在相同等级的处理温度下，不育系间小穗不育度的差异F值达到极显著水平，而诱导天数及"温度×诱导天数"的F值达不到差异显著水平。处理温度对各不育系育性影响的q测验见表5-10至表5-13。

表5-10　21℃时各不育系自交结实率的arcsin$\sqrt{x}$的差异显著性比较

不育系名称	$\bar{x}$	$\bar{x}$-0.12	$\bar{x}$-0.53	$\bar{x}$-0.71	$\bar{x}$-1.78	$\bar{x}$-16.88
2558S	0	—	—	—	—	—
644S	0.12	—	—	—	—	—
培矮64S	0.53	0.41	—	—	—	—
测64S	0.71	0.59	0.18	—	—	—
W9046S	1.78	1.66	1.25	1.07	—	—
N31S	16.88	16.76**	16.35**	16.17**	15.10**	—
粳籼89（对照）	21.08	20.96**	20.55**	20.37**	19.30**	4.20

注：$D_{0.01}$=5.57；$D_{0.05}$=4.67；**表示达到1%差异极显著水平。

表5-11 23℃时各不育系自交结实率的arcsin$x$的差异显著性比较

不育系名称	$\bar{x}$	$\bar{x}-0.13$	$\bar{x}-1.38$	$\bar{x}-22.10$
2558S	0	—	—	—
644S	0	—	—	—
测64S	0	—	—	—
培矮64S	0.13	—	—	—
W9046S	1.38	1.25	—	—
N31S	22.10	21.97**	20.72**	—
粳籼89（对照）	26.57	26.44**	25.19**	4.47*

注：$D_{0.01}=4.63$；$D_{0.05}=3.88$；*表示达到5%差异显著水平；**表示达到1%差异极显著水平。

表5-12 26℃时各不育系自交结实率的arcsin$x$的差异显著性比较

不育系名称	$\bar{x}$	$\bar{x}-0.13$	$\bar{x}-1.88$	$\bar{x}-14.02$
2558S	0	—	—	—
644S	0	—	—	—
测64S	0	—	—	—
培矮64S	0.13	—	—	—
W9046S	1.88	1.75	—	—
N31S	14.02	13.89**	12.14**	—
粳籼89（对照）	38.22	38.09**	36.34**	24.20*

注：$D_{0.01}=4.42$；$D_{0.05}=3.71$；*表示达到5%差异显著水平；**表示达到1%差异极显著水平。

表5-13 28℃时各不育系自交结实率的arcsin$x$的差异显著性比较

不育系名称	$\bar{x}$	$\bar{x}-0.13$	$\bar{x}-1.63$	$\bar{x}-11.56$
2558S	0	—	—	—
644S	0	—	—	—
测64S	0	—	—	—
培矮64S	0.13	—	—	—
W9046S	1.63	1.50	—	—
N31S	11.56	11.43**	9.93**	—
粳籼89（对照）	31.51	31.38**	29.88**	19.95*

注：$D_{0.01}=5.70$；$D_{0.05}=4.78$；*表示达到5%差异显著水平；**表示达到1%差异极显著水平。

由上可以看出，在13 h光长光照下，用21℃诱导7 d或12 d时，各不育系的结实率arcsin$x$由小到大依次为"2558S""644S""培矮64S""测64S""W9046S""N31S""粳籼89（对照）"；且"2558S""644S""培矮64S""测64S""W9046S"与"N31S""粳籼89（对照）"之间达1%差异极显著水平，显示出各不育系间其育性由可育→不育转换的起点温度是不同的，2558S的起点温度显然是在21℃以下。

当处理温度提高到23℃时，其情况和26℃、28℃的诱导结果的相似处是"2558S""644S""测64S""培矮64S""W9046S"与"N31S""粳籼89（对照）"之间达1%差异极显著水平；而"2558S""644S""测64S"的结实率arcsin$x$为"0"，此时的"644S"和"测64S"已由可育→不育，完成了育性的转换。

"培矮64S"在23~28℃的结实率均为0.13%，方差分析结果虽不构成与"2558S""644S""测64S"间的显著差异，但在实际应用中由于"培矮64S"结实率比"2558S""644S""测64S"高，故可认为"培矮64S"由可育→不育的起点温度比它们稍高。

在21~28℃范围内，"N31S"的结实率arcsin$x$和其余的不育系间的差异均达1%极显著水平，和常规籼稻品种"粳籼89（对照）"间的差异也达5%显著水平或1%极显著水平，表明其可育→不育的起点温度应在28℃以上。

第四节 ▶
诱导时间与育性转换的关系

　　根据前述试验结果与讨论可知，相同的光温组合对不同的不育系，不同的光温组合对相同的不育系诱导育性转换各不相同。而且后来的多方报道亦指出诱导不育系育性转换的光照长度、临界温度、诱导时间这三者是起综合作用的，尤其是诱导时间对其有一定影响。例如张旭等把诱导育性转换的时间分为"长"（7 d）、"短"（3 d）2组处理，在PGV-36人工气候箱内设置了不同的光温组合用来研究"W6154S"等5个籼型不育系的育性转换特性，结果显示：无论是14 h/d长光照下还是10 h/d短光照条件下，21℃、23℃、26℃、30℃的套袋自交结实率都因处理天数（d）而异。14 h/30℃下诱导7 d时，各不育系的自交结实率均≤1%，实现了育性由可育→不育的转换；而3 d诱导处理的不育系除"5460S"外，均不能完成由可育→不育的转换（表5-14）；10 h/30℃下不论诱导时间长（7 d）或短（3 d）均不能使"W6154S""N98S""N6S"的育性完成由可育→不育的转换，只有"Ks-9""5460S"可以完成由可育→不育的转换（表5-15）。

表5-14　长光（14 h/d）不同温度下不同诱导时间对育性的影响

不育系名称	套袋自交结实率/%							
	21℃		23℃		26℃		30℃	
	3 d	7 d	3 d	7 d	3 d	7 d	3 d	7 d
W6154S	58.75	66.30	61.93	68.01	28.80	23.92	21.19	0.08
N98S	14.63	20.61	11.80	9.03	7.39	3.27	2.19	0.94

续表

不育系名称	套袋自交结实率/%							
	21℃		23℃		26℃		30℃	
	3 d	7 d	3 d	7 d	3 d	7 d	3 d	7 d
N6S	63.96	60.28	37.20	43.28	4.42	7.89	4.70	0.98
Ks-9	65.16	82.73	23.54	52.17	6.58	0.60	1.17	0.32
5460S	25.80	48.20	44.76	34.68	15.31	1.84	0.20	0

注：结实率≤1.0为不育标准。

表5-15 短光（10 h/d）不同温度下不同诱导时间对育性的影响

不育系名称	套袋自交结实率/%							
	30℃		26℃		23℃		21℃	
	3 d	7 d	3 d	7 d	3 d	7 d	3 d	7 d
W6154S	33.14	6.10	60.03	57.83	74.93	72.84	65.91	76.68
N98S	1.28	1.47	1.13	11.06	21.50	21.51	2.92	10.23
N6S	2.40	6.00	30.74	7.10	61.35	62.65	55.28	45.96
Ks-9	7.72	0.93	11.93	3.50	23.54	76.06	47.41	80.60
5460S	2.74	0.70	23.16	1.84	36.68	19.00	53.97	52.40

注：结实率≤1.0为不育标准。

第六章

光敏、温敏雄性核不育系水稻光温反应特性间的关系

第一节 ▶

发育的感光性与育性的光敏性

一、发育的感光性

水稻的感光性是指它对光照反应的特性，原产热带地区的水稻是短日性作物，它的光周期反应受短日支配，表现出缩短日照促进穗分化，延长日照延迟穗分化的特性。这种特性通常被称为"水稻发育的感光性"。

前人曾经报道，水稻对日长的反应范围为8～24 h，品种间感光性的差异亦较大，但所有品种都呈现约10 h短光周期的生育期比14 h以上的长光周期的生育期短，可以看到受光周期诱导幼穗开始分化到苞原基分化期，移至长日时便延缓发育、推迟出穗。由于我国稻区极为辽阔，水稻分布于18°N～53°N，在北半球的自然条件下，6月25日的可照时数（日照长度）：海南海口（20°N）为13.21 h，黑龙江黑河（50°N）为16.21 h，两者相差3 h。日照长度的这种变化，在不同地区引种过程中应该引起足够重视，即：①高纬度向低纬度引种生育期延长；②低纬度向高纬度引种生育期缩短；③同一纬度引种时生育期保持不变。

就同一地区而言，北半球一年中的日照长度变化均呈"长-短-长"的年变化，前已述及广州地区的日长年变化（图5-1），并据此推测广州地区在正常栽培条件下的早稻都具有较弱的感光性，晚稻则具有较强的感光性，中稻的感光性则有弱有中。而且水稻的类型不同，其感光性亦有差异，一般中稻、早稻的感光性是粳稻强于籼稻，而晚稻的感光性则是籼稻强于粳稻。

前已述说水稻感光性的强弱可从"出穗促进率"反映出来。由人工控制光长和自然日长条件下出穗期差异计算出出穗促进率。

$$出穗促进率 = \frac{自然日长下品种的出穗日数 - 日长处理下品种的出穗日数}{自然日长下品种的出穗日数} \times 100\%$$

根据上式可知，出穗促进率为正值时，表明品种的出穗日数在日长处理下比在自然日长下少，出穗加速；出穗促进率为负值时，表明品种的出穗日数在日长处理下比在自然日长下多，出穗延迟，这时测得的出穗促进率实际为"出穗延迟率"，而且从上式不难看出随着日照长度的延长出穗也逐渐延迟，当达到出穗的最高限日长时，我们赋予它一个专用名词叫"水稻品种的出穗临界光长"，日长超出临界光长时，水稻便不能出穗。现今通过研究得知水稻品种出穗的临界光长有以下3种情况：①有明显的出穗临界光长；②没有明显的出穗临界光长；③有最适的出穗光长和显著延迟的出穗光长，但没有不能出穗的临界光长。人们按照品种的幼穗分化和出穗临界光长便可推定一个水稻品种的分布地区及它的栽培季节，从而为引种和试种栽培提供理论依据。

对于我国水稻品种感光性的分类，吴光南曾将其分成"极弱"（Ⅰ类）、"弱"（Ⅱ类）、"中"（Ⅲ类）、"强"（Ⅳ类）和"极强"（Ⅴ类）共5类；而后，我国水稻光温生态研究协作组通过多年系统研究，对国内不同稻作带的不同熟期性品种的感光性做了综合评级（表6-1），它对各地实际应用参考价值颇大。

表6-1 我国地区性熟期品种感光性的综合评级

地带	类型	地区性熟期	品种数/个	不同感光性级别的品种数/个								
				弱			中			强		
				1	2	3	4	5	6	7	8	9
华南	籼	早稻早熟	3	2	1							
		早稻中熟	3	1	2							
		早稻迟熟	11	6	3	2						
		冬稻	1	1								
		中稻	5	2	3							
		晚稻早熟	2								2	
		晚稻中熟	14								11	3
		晚稻迟熟	10								2	8
	粳	早稻迟熟	2		1	1						
		一季稻	4							1	3	
		晚稻迟熟	2								2	
云贵	籼	早熟	1	1								
		中熟	3	1		2						
		迟熟	3								1	2
		冬稻	1	1								
	粳	早熟	1				1					
		中熟	3						2	1		
		迟熟	5							3	2	
华中	籼	早稻	5	3	2							
		中稻	12	1	4	3	1	3				
		晚稻	8							7	1	
	粳	早稻	1				1					
		中稻	3						3			
		晚稻	8							8		

续表

地带	类型	地区性熟期	品种数/个	不同感光性级别的品种数/个								
				弱			中			强		
				1	2	3	4	5	6	7	8	9
华北	籼	早熟	2	1		1						
		中熟	5	1	1	1	1	1				
		迟熟	3			2		1				
	粳	早熟	5	1	1	3						
		中熟	7		1	1		4	1			
		迟熟	6						6			
东北	粳	早熟	5	5								
		中熟	3	1			1	1				
		迟熟	4			4						
西北	粳	早熟	6	2	3		1					
合计			157	28	24	19	6	11	12	20	24	13

二、水稻的感光性、光敏性与光周期现象

（一）植物的光周期现象及其物质基础

1860年，Carpari首先发现毛叶水苎麻种子的发芽与光照和黑暗交替有一定关系；1920年，Carner进一步发现许多植物的开花与夜间的相对长短有一定关系，烟草、大豆、水稻等作物当白天越短、黑夜越长时，则开花越早，称为"短日照作物"。但是，另外一类作物如小麦、大麦、豌豆等则恰好相反，当白天越长、黑夜越短时，开花越早，称为"长日照作物"。介于两者之间的称为"中日照作物"，如棉花等。基于这些事实，他们认为植物开花结实时必须有一定时间的光照和一定时间的黑暗交替，这种现象称为光周期现象。

就产生光周期现象的物质而言，现今的研究已经确认是由一种

叫"光敏色素"的物质引起的。光敏色素由蛋白质和生色基团以共价键连接组成，其分子量约为120 kDa（黑麦），在高等植物中存在两种可以相互转化的形式。

$$P_r \xrightleftharpoons[\text{远红光}]{\text{红光}} P_{fr}$$
（非活性状态）　　　　　　　　　（活性状态）

上式中P_r是红光（660 nm）吸收型，呈蓝色；P_{fr}是远红光（730 nm）吸收型，呈黄色。P_r是比较稳定的存在形式，当吸收红光后其发色基团的一个吡咯环失去H^+，再经过若干步骤转化成P_{fr}，P_{fr}是生理活性形式，不稳定，吸收远红光后快速逆转成P_r，有些植物的P_{fr}在黑暗中也能缓慢地转化为P_r，称为"暗逆转"。

由于P_{fr}也能吸收少量660 nm的红光，在红光下P_r不能完全转化为P_{fr}，其转化率约为80%，但在远红光下P_{fr}能完全转化为P_r，故在远红光下只有P_r存在。在自然界不同波长光或不同光周期下，P_r与P_{fr}两种形式的光敏色素互相转化，形成不同的P_r/P_{fr}比值，植物根据对光敏色素比值的反应从而进行开花诱导的生理过程。

在光周期的生理生化控制过程中，当植物体内光敏色素合成时，首先合成P_r形式，在光照下大部分转化成P_{fr}。1986年，Kadota提出了一个光敏色素分子基团在光转换过程中向细胞膜系统传递光信息的机制模式（图6-1），即光敏色素的生色基团接受光刺激而被激发，引起其结构和辅基蛋白结构改变，导致整个光敏色素分子的取向发生变化，同时引起Ca^{2+}的膜透性提高，并发生H^+的膜间运动和膜的局部电位差改变，令光信号效应得到响应。不少研究表明光敏色素通过质膜Ca^{2+}–CaM系统或一些细胞器膜上的Ca^{2+}–ATPase活性调节而起作用，当P_r转化为P_{fr}时，膜上的Ca^{2+}通过被激活开放，膜内Ca^{2+}浓度增加，当其浓度达到一定值时（10^{-6} mol·L^{-1}）时，激活CaM，再经活化的CaM引起系列功能酶的活化，执行生理功能。

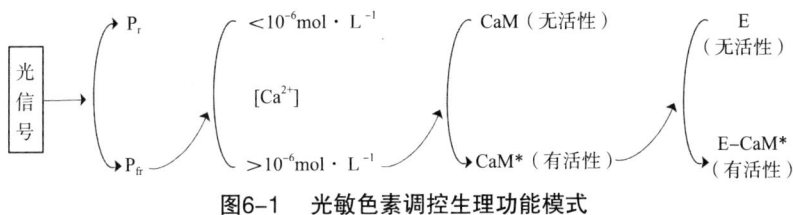

图6-1　光敏色素调控生理功能模式

（二）水稻发育的感光性与育性转换的光敏性

1. 水稻发育的感光性与光周期现象

至今的研究已经明确：水稻从感光叶龄或幼穗开始分化的时期是其发育诱导敏感期，完成此阶段的主要生态条件是日照长短，但它只能决定抽穗期的迟早而不能决定育性转换，因此被称为"光周期敏感期"（也有人称其为"第一光周期敏感期"）。

光周期诱导水稻植株茎尖生长点分化幼穗的反应器官是叶片，表现光周期的时期是从4～5叶期到茎端分化组织开始分化幼穗为止；而现今所有的报道均认为只要有1片叶，其面积在4 cm^{2}以上、寿命在30 d以上，当温度大于20℃时，诱导6～9 d即可奏效，且短日处理的刺激作用在主蘖与分蘖之间，分蘖与分蘖之间是不能传递的。

2. 水稻发育的光敏性与光周期现象

两用核不育系水稻在其"育性诱导阶段"，从水稻第2次枝梗原基和颖花原基分化期至花粉母细胞形成期，用短日低温诱导可使不育系花粉可育，用长日高温诱导则不育，这一阶段是光照诱导其育性转换的敏感期，称作"第二光周期敏感期"，是光敏核不育系水稻所特有的。

两用核不育系水稻的"育性表达阶段"：从花粉母细胞减数分裂至抽穗期，这一阶段对光周期的长短不再表现出明显反应，呈钝感，既不影响花粉发育过程，也不影响花粉发育为可育或不育的方向。一旦通过所谓的"第二光周期"，其育性表达便不可逆转。两个"光周期反应"具有严格的顺序性，只有通过"第一光周期"反应后才能进行"第二光周期"的育性诱导；一些研究者进而认为"第一光周期"与"第二光周期"是相互连接且具有不重叠性的。还有一些研究者认为光敏核不育系水稻内不但存有"第二光周期"现象，而且"第一光周期"（穗分化的感光性）与"第二光周期"（育性转换与表达的光敏性）是重叠的，或者说上述的两个光周期实际上就是一个。而张自国、卢兴桂、袁隆平更明确指出由"农垦58S"衍生而来的所谓光温敏核不育系，其育性转换受光周期和温度的协同调控，故不存在绝对的光敏性和温敏性。基于此，在下列"光敏性"与"感光性"关系的讨论中，将提出各方不同观点和看法供大家讨论参考。

三、光敏性与感光性的关系

（一）不同学者的研究结果

（1）陈雄辉等以"农垦58S""双8-2S""W6154S""培矮64S"等10个籼、粳型光温敏核不育系作为供试材料，用分期播种、短日照（10 h/d）和自然日长的办法处理各不育系后，调查花粉败育的情况及短日照下的出穗促进率，如表6-2和表6-3所示。由表6-2可知："W6154S""W6184S""KS-9"的育性因光长的变化而影响不大，而其余7个不育系对光长的变化十分敏感，特别是"双8-2S""农垦58S""N98-6S"的短日照处理使可育花粉率增长20个百分点以上。

由表6-3可知：从短日出穗促进率来看，感光性弱的不育系其出穗促进率在10%以下，如"KS-9""W6154S"等；感光性强的不育系出穗促进率在30%以上，如"农垦58S""7001S"等。进而计算出平均出穗促进率和光敏不育性的相关系数$r=0.779$，达到差异极显著水平，说明不育系发育的感光性越强，育性的光敏性就越强。

表6-2　不同光照条件下不育系的可育花粉率

不育系	10 h短日照下的可育花粉率/%	14 h长日照下的可育花粉率/%	短日照下的可育花粉增长值/%
农垦58S	26.56	0.61	25.95
7001S	12.17	0.29	11.88
N98-6S	22.58	0.00	22.58
双8-2S	26.46	0.19	26.27
培矮64S	14.60	0.00	14.60
W7415S	15.50	0.08	15.42
闽54-8S	11.89	2.91	8.98
KS-9	0.00	0.00	0.00
W6154S	0.46	0.28	0.18
W6184S	1.38	0.68	0.70

表6-3　不育系的短日出穗促进率

不育系	3月5日播种			5月3日播种		
	播种至始穗天数/d		出穗促进率/%	播种至始穗天数/d		出穗促进率/%
	自然条件	10 h短日		自然条件	10 h短日	
农垦58S	89	73	18.0	83	55	33.7
7001S	85	71	16.5	88	54	38.6
N98-6S	99	73	26.3	88	53	39.8
双8-2S	62	61	1.6	77	54	29.9
培矮64S	99	86	13.1	79	67	15.2
W7415S	87	73	16.1	69	53	23.2
闽54-8S	95	81	14.7	70	63	10.0
KS-9	92	86	6.5	68	64	5.9
W6154S	75	71	5.3	54	54	0
W6184S	73	70	4.1	54	54	0

（2）邹应斌等用籼型核不育系"安农1S""5460S""W6154S""KS-9""衡农1S"及粳型核不育系"农垦58S""鄂宜105S""双8-2S"作为供试材料，研究了这些来源不同的核不育系的光周期反应（表6-4），结果表明：第一光周期敏感即感光性强的粳稻，其育性的光敏性亦相应地强，感光性居中等的粳型或籼型核不育系诱导育性转换的临界光长较长或者不明显；而温敏类型的不育系均为感光性弱的籼稻，它们缺乏诱导育性转换的临界光长。

表6-4　光（温）敏核不育水稻的光周期反应特性及其类型

不育系	类型	第一光周期感光性	第二光周期临界光长/h	育性诱导敏感性	不育系来源
农垦58S	粳	强感光性	13.75～14.00	光敏	湖北
鄂宜105S	粳	强感光性	13.75～14.00	光敏	湖北
双8-2S	粳	强感光性	13.75～14.00	光敏	湖北

（3）薛光行等曾报道他们利用强感光型的光敏雄性核不育系水稻"农垦58S"与发育感光性弱的早熟粳稻品种"秋光"杂交，选育出了具有不同发育感光性强度的光敏核不育株系，其中早粳光敏核不育株系"C407S"的发育感光性极弱而具有典型的育性光敏性，并依此认为发育感光性与育性的光敏性是可分离遗传的。

（4）曾汉来等为了探讨水稻发育感光性与光温敏雄性核不育系之间的相互关系，用由"农垦58S"转育而来的温光敏型不育系"W6154S"与"农垦58"常规品种进行籼粳杂交，然后调查其杂交后代F_2、F_3的感光性和光敏性，结果表明："W6154S"光敏不育性可在不同感光性的背景中表达，且所有F_2、F_3植株中的育性转换均为光温互作不育型，无典型温敏不育株，这说明感光性强弱不是光敏性强弱的决定因子，光敏性强弱与多因子综合作用有关，有可能使有利于光敏不育基因表达的遗传因子重组，而获得新光敏核不育系。育种家们已在籼型光敏核不育系选育方面取得了成功，感光性弱或中等且具有育性光敏性的籼型核不育系已成批育成，如湖北省农业科学院的"W9593S"、武汉大学的"1103S"、福建农林大学的"HS-3"、福建省农业科学院的"SE21S"、辽宁省农业科学院的"广占63S"，等等。

（二）广东省农业科学院水稻研究所的研究结果

1994—1997年在广州以籼型两用核不育系"培矮64S""GD-1S""GD-2S""$N_{12}S$""$N_{18}S$""$N_{25}S$"为供试材料，研究了籼型两用核不育系水稻内是否普遍存在"第二光周期"现象及其生理变化的实质这两个问题。经过3年的试验，有如下结果可供参考。

1. 关于两用核不育系的光周期现象

在正常季节条件下栽培和冬季使用人工控温栽培技术，研究不同温度下长日照或短日照对籼型两用核不育系"培矮64S""GD-1S""GD-2S""$N_{25}S$"的感光性和光敏性的影响，结果表明：在春夏季正常季节光周期情况下，"$N_{25}S$""GD-1S"具有第一光周期（感光性）反应，即短日促进其抽穗，而且"$N_{25}S$"还表现第二光周期（光敏性）的反应特性，即短日促进其可育结实，表明两个不育系对两个光周期反应所需的光照长短是不完全一样的。"培矮64S"和"GD-2S"在夏季栽培条件下，前者与后者均不显示2个光周期反应特性，但在冬季温室较低温度栽培条件下，"培矮64S"的幼穗分化和育性转换均表现出两个光周期反应特性，这是由于籼型两用核不育系水稻的生长发育不仅受光照长短的影响，还受温度高低的协同，且光温之间存在互补效应，故它们的光周期反应可随温度的变化而有不同的表现。

2. 暗期中断对籼型两用核不育系水稻育性转换的影响

利用闪光对籼型两用核不育系水稻育性转换实行"暗期中断"，观察的结果表明："8 h/d+闪光"对"$N_{12}S$""$N_{18}S$"有延迟抽穗的作用，与长光照处理的效应相似，并能使育性由可育转为不育（表现出这两个不育系的可染花粉率和小穗自交率明显低于8 h光照处理）。同时，对"培矮64S"和"GD-2S"的育性转换也有影响，说明暗期闪光可起到消除超短光照对育性影响的作用。

3. 超短光照对籼型两用核不育系水稻育性转换的影响

超短光照对籼型两用核不育系育性转换影响的研究结果显示：高温敏核不育系在超短光长光照处理中的可育性明显高于自然光长和长光照处理，低温敏核不育系也具有相似的趋势，说明超短光长诱导除了对光温互作型两用核不育系的影响较强外，对温敏型核不育系亦有一定影响，只是程度较弱，这可能是高温效应掩盖了超短光长作用的结果。

4. 光照强度对育性转换的影响

用不同光照强度对核不育系处理后的结果表明：当核不育系水稻的主茎进入幼穗第2次枝梗原基分化时，采用遮光处理减弱光照强度的方法，并不能改变其发育进度和育性的方向。

5. 育性转换的生理基础

两用核不育系水稻育性转换过程中，器官氧代谢、呼吸能量代谢、关键同工酶动态变化规律的研究已经大致明确：生产上曾大量使用的"培矮64S"，其不育性在花粉完熟期与颖花及花药的NAD^+-MDH活性显著降低关系较大。在花粉母细胞形成期至减数分裂期，与颖花磷酸酯酶（AP）的活性及同工酶组成的变化关系较密切。故认为"培矮64S"育性表达可能与花粉发育期的脂肪代谢及花粉发育后期的呼吸代谢有关。

四、控制光敏性和感光性的遗传基础

（一）控制感光性的基因

Vergara和Chang的研究说明水稻抽穗的感光性多受1对或2对基

因调控，但新的感光性基因和与抽穗期相关的基因不断地被发现与定位；罗林广等用不同试验材料做试验的结果表明，发育感光性是个遗传基础复杂的性状；多数研究认为，控制光敏核不育系育性光敏性的基因属"质量性状"，并且也是由少数主基因控制，但在不同的遗传背景下表现的基因数量不同，并存在若干微效修饰基因作用。

（二）光敏不育性基因与感光性基因之间的关系

就光敏不育性基因与感光性基因之间的遗传关系而言，至今尚无一致的结论：有的试验认为光敏不育性基因与感光性基因是由不同的基因控制的，两者之间存在不太紧密的连锁关系，而且可以分离重组；有的试验则发现核不育系中存在发育弱感光或不感光但育性感光的材料。

孙宗修和程式华等认为多年来的育种实践表明：要育成光敏为主的早籼、中籼是难乎其难的，因为光敏性基因和感光性基因间存在着相互作用，前者的正常表达需要后者足够的协助，当有足够的感光性基因存在时才能启动光敏基因，使其表达为长光不育，否则表现为其他类型。因此假定光敏基因为1对，则它和感光基因的作用是1对主效基因与数量基因间的作用；假定光敏不育基因为多对，则它们和感光基因的作用便变得更为复杂。

薛光行等在进行光温敏核不育系水稻育性转换的光周期效应指数值（PE）和温度效应指数值（TE）的遗传性研究后推断：光温敏核不育系水稻在环境作用下表现的不育性很可能是核不育基因、PE及TE的遗传因子共同表达及作用累加的结果，所谓光温敏核不育性状所涉及的基因，可能是一个基因群，既包括核不育基因，也包括PE、TE的遗传因子。

总之，水稻光周期现象的感光性和光敏性主要受制于光长、光照强度和光质，只有在一定条件下才表现出重要影响。此外，温度

对光周期变化亦有协同作用，应该引起足够的重视。就水稻自身而言，野生稻、栽培稻的晚稻对光周期是强感的，而早稻、中稻对光周期是弱感与极弱感的，目前生产上大多倾向于使用光周期为弱感的品种或组合，即早晚季兼用的品种或组合。

第二节 ▶
发育的感温性和育性的温敏性

一、发育的感温性及其评级

气温、水温、土温是水稻生长发育环境的热量条件，它们不仅影响水稻的生育还与其"时""空"分布休戚相关：在时间维度上，温度与水稻生育季节有关；在空间维度上，温度与水稻的地理分布有关。就某一地区而言，其温度的年变化是有规律可循的，例如在我国稻作带内夏季的温度较高而稳，冬季温度低，春季升温，秋季降温，一年内温度按照"夏高冬低"有序变化。今以广州的气温年变化曲线（1951—1997年）为例（图6-2），可见其气温是按"低-高-低"的单峰曲线变化。

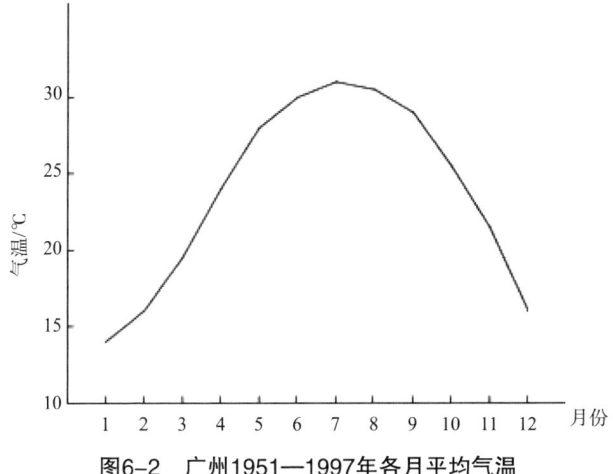

图6-2　广州1951—1997年各月平均气温

就水稻各生育时期对温度的要求而言，也是有一定规律的，水稻的生长发育若处于其生物学最适温度，则生育状况正常；当温度上升到各生育时期的生物学最高温度以上时，对它的生长发育便会起阻碍或停止作用，进而产生"热害"；当温度下降到各生育时期的生物学最低温度以下时，同样也阻碍其正常的生长发育而发生"冷害"。水稻生育的三基点温度虽然因为类型、品种、地区和季节而异，但总的趋势是籼稻比粳稻高，南部地区和平原地区较之北部和山区高。三基点温度有不同程度差异，是水稻与地区热量条件长年作用的结果，它是水稻对温度适应性的一种表现。表6-5是水稻不同生育时期对温度要求的情况，在生产实践中，北粳南移生育期显著缩短，南籼北引生育期显著延长，中籼及少数中粳品种能适应高温季节栽培，这些都是品种要求适宜温度不同的缘故。

表6-5　水稻各生育期对温度的要求

生育期	生物学最低温度/℃	生物学最适温度/℃	生物学最高温度/℃
发　芽	10（粳），12（籼）	28～32	40
出　苗	12（粳），14（籼）	26～32	40～42
分　蘖	15～16	30～32	38～40
拔节、孕穗	15～17	25～35	40～42
抽穗、开花	20	28～31	40～42
成　熟	15	25～30	40～42

前面已有提及：水稻对温度的反应，是因为品种的不同而不同的。所谓品种的感温性，是接受温度影响而表现出发育速度不同的特性。感温性强意味着高温促进出穗程度大，感温性弱则恰好相反。在相同光照条件下，可用下式求出各品种的出穗促进率：

$$出穗促进率（\%）= \frac{低温下的出穗日数 - 高温下的出穗日数}{低温下的出穗日数} \times 100\%$$

　　表6-6为水稻在我国不同稻区的地区性熟期品种的感温性分级，由表可知：①所有品种都是感温的；②晚稻的感温性比早稻、中稻强，而早稻又比中稻强些。

　　我国的水稻品种不单是早稻感温，晚稻同样也是感温的，故而将早稻称为感温性品种、将晚稻称为感光性品种，严格地讲是不够全面的。只有在日长和温度都适宜的范围内，温度的高低才对品种的生育速度产生影响，感温性强的品种表现出在高温下加快生育、在低温下放慢生育的品种特性，而感温性弱的品种对温度高或低影响生育特性呈钝感。一般来说，感温性影响水稻品种发育速度变化程度上的不同，它与熟期性的关系是不密切的。

表6-6　地区性熟期品种感温性分级

地带	类型	地区性熟期	品种数/种	不同感温性级别的品种数/种								
				弱			中			强		
				1	2	3	4	5	6	7	8	9
华南	籼	早稻早熟	3				1	2				
		早稻中熟	3						3			
		早稻迟熟	11				2	1	7	1		
		冬稻	1									1
		中稻	5				1	3	1			
		晚稻早熟	2							1	1	
		晚稻中熟	14					1	5		7	1
		晚稻迟熟	10			1			1	3	3	2
	粳	早稻迟熟	2				1	1				
		一季稻	4							4		
		晚稻迟熟	2						2			

续表

地带	类型	地区性熟期	品种数/种	不同感温性级别的品种数/种								
				弱			中			强		
				1	2	3	4	5	6	7	8	9
云贵	籼	早熟	1								1	
		中熟	3					1	2			
		迟熟	3						1	2		
		冬稻	1									1
	粳	早熟	1					1				
		中熟	3				1	2				
		迟熟	5						1	1	2	1
华中	籼	早熟	5					1	1	3		
		中熟	12				1	7		4		
		迟熟	8						4	2	2	
	粳	早熟	1					1				
		中熟	3								2	1
		迟熟	8				1	4	3			
华北	籼	早熟	2					2				
		中熟	5					1	4			
		迟熟	3				1	2				
	粳	早熟	5					2	3			
		中熟	7				3	1	1	1	1	
		迟熟	6				1	2		2	1	
东北	粳	早熟	5				1	3	1			
		中熟	3		1			1	1			
		迟熟	4					1	3			
西北	粳	早熟	6				4	2				
合　计			157		2		18	41	42	27	20	7
百分率/%				1.3			64.3			34.4		

二、两用核不育系水稻的温敏性

光敏核不育系水稻的发现，引起了广大农业科技工作者的极大兴趣，随着研究的深入展开，另外一种特异的水稻种质——温敏核不育系水稻又在我国被挖掘出来了。这类种质资源的特点在于主导它的育性转换与表达的生态因子是温度，与主导育性转换与表达的生态因子是光照的光敏核不育系水稻，有着很大的不同。在国际上，日本学者也从"黎明"的辐射后代中获得了"H_{89-1}"，这是一种温敏型雄性核不育系水稻；而IRRI则用25 kR的γ射线辐照"$IR_{32364-20-1-3-2}B$"后，获得了突变体"$IR_{32364}S$"，这也是一种温敏型雄性核不育系水稻。迄今为止，多数籼型雄性核不育系水稻属温敏型，它们在高温诱导下表现出雄性不育，在较低温度诱导下表现出雄性可育，而光长对其育性转换基本上不起作用或者作用甚小，例如湖北育成的"W6154S"、湖南的"安农1S"、福建的"5460S"等。从生产应用角度考虑，我国华南地区水稻栽培季节内温度高、热量充沛，夏季不易出现低温，而且日照相对偏北地区来说要短，因此选用温敏型雄性核不育系水稻可能是较好的。

一个优良的温敏型雄性核不育系水稻也和光敏型雄性核不育系水稻一样，应当具备不育期长而稳、低温短日下的自交结实率高和其他农艺性状都优异的特性。由于主导温敏型雄性核不育系水稻育性转换与表达的生态因子是温度，而温度在北半球的变化除了"冬-夏-冬"呈有规律的"低-高-低"变化外，同一地区不同季节、月份、旬、候，甚至一天内的温度变化不可能与上一年度相同，有时还会出现差异悬殊的情况。但是，同一地区的日照长度变化"冬-夏-冬"之间始终遵循"短-长-短"的变动规律，这就有别于温度的年变化。基于温度较之光长是一个易变动的生态因子，加上在较长时间内难以准确预报，因此研究温度对温敏型雄性核不

育系育性变化的影响，其复杂性要比光照大得多。

还要指出的是：在研究温度这一生态因子对温敏型雄性核不育系水稻生长发育的影响时，如前述第五章中一样应该分清以下概念：①由于低温胁迫导致雄性不育的临界温度；②导致雄性从可育状态到不育状态的不育起点温度；③从不育状态到可育时的可育起点温度。在人工气候条件下测定核不育系水稻从"可育→不育""不育→可育"的起点温度方法同前述第五章。

第三节 ▶

熟期生态型遗传背景与不育基因表达的关系

一、发育的感光性、感温性与熟期性之间的关系

研究现已证实：水稻发育的感光性对日长要求越严，与熟期性之间的关系就越密切。温度参与水稻生长发育的全过程，一般而言，感温性和熟期性之间的关系不像感光性与熟期性那样密切，但在满足日长条件下，感温性便表现出与熟期性有一定的关系。

迄今为止，尚未见到光温敏雄性核不育系水稻的感光性、感温性测定和评级与常规水稻品种之间有差别的报道。因此，在对现有光温敏雄性核不育系水稻的感光性、感温性测定或者评级时均沿用《中国水稻品种的光温生态》制订的方式和标准。地区性熟期品种感光性、感温性强弱的关系如表6-7和表6-8所示。表中感光性、感温性级别由1→9（弱→强）均简化成"弱、中、强"表示。根据这两个表，可以按地区性熟期来推定其感光性或者感温性强弱，反之亦然。

表6-7　中国常规水稻品种地区性熟期与感光性级别

地带	类型	地区性熟期	感光性		
			弱	中	强
华南	籼	早稻早熟	√		
		早稻中熟	√		
		早稻迟熟	√		
		冬稻	√		
		中稻	√		
		晚稻早熟			√
		晚稻中熟			√
		晚稻迟熟			√
	粳	早稻迟熟	√		
		一季稻			√
		晚稻迟熟			√
云贵	籼	早熟	√		
		中熟	√	√	
		迟熟	√		√
		冬稻	√		
	粳	早熟		√	
		中熟		√	√
		迟熟			√
华中	籼	早稻	√		
		中稻	√	√	
		晚稻			√
	粳	早稻		√	
		中稻		√	
		晚稻			√

续表

地带	类型	地区性熟期	感光性		
			弱	中	强
华北	籼	早熟	√		
		中熟	√	√	
		迟熟	√	√	
	粳	早熟	√		
		中熟	√	√	
		迟熟		√	
东北	粳	早熟	√		
		中熟	√	√	
		迟熟	√		
西北	粳	早熟	√	√	

表6-8　中国常规水稻品种地区性熟期与感温性级别

地带	类型	地区性熟期	感温性		
			弱	中	强
华南	籼	早稻早熟		√	
		早稻中熟		√	
		早稻迟熟		√	√
		冬稻			√
		中稻		√	
		晚稻早熟			√
		晚稻中熟	√	√	√
		晚稻迟熟		√	√
	粳	早稻迟熟		√	
		一季稻			√
		晚稻迟熟		√	

续表

地带	类型	地区性熟期	感温性		
			弱	中	强
云贵	籼	早熟			√
		中熟		√	
		迟熟		√	√
		冬稻			√
	粳	早熟		√	
		中熟		√	
		迟熟		√	√
华中	籼	早稻		√	√
		中稻		√	√
		晚稻		√	√
	粳	早稻		√	
		中稻			√
		晚稻		√	√
华北	籼	早熟		√	
		中熟		√	
		迟熟		√	
	粳	早熟		√	
		中熟		√	√
		迟熟		√	√
东北	粳	早熟		√	
		中熟	√	√	
		迟熟		√	
西北	粳	早熟		√	

二、熟期生态与育性基因表达的关系

对光温敏雄性核不育系水稻熟期生态与育性基因表达关系的研究向来不多，仅见于曾汉来等于1992—1997年的研究，他们为了探讨不同遗传背景对光温敏核不育系表达的影响，以光敏核不育系"农垦58S"、光温互作型核不育系"W6154S""培矮64S"和温敏核不育系"安农S-1"作亲本，分别与常规品种"牡丹江8号"（早粳）、"农虎26"（中粳）、"农垦58"（晚粳）、"V20"（早籼）、"南京11号"（中籼）、"包选2号"或"余赤231-8"（晚籼）杂交，共配置杂交组合24个，并从这些组合的F_2群体中选择有育性转换的不育株，对每个中选不育株及其衍生的F_3家系的单株进行发育感光性与育性转换光温反应特性鉴定。

（1）由"农垦58S"转育的所谓"温敏"核不育系"W6154S""培矮64S"在24.5℃下仍有明显育性光周期反应，有明显的育性红光-远红光处理效应；而温敏核不育系"安农S-1"和"5460S"则缺乏这些育性光周期反应。说明光敏不育性和温敏不育性有不同的遗传基础。

（2）在"安农S-1"×"农垦58"的后代中，获得了发育感光性强弱不同的温敏不育株，说明温敏不育基因能在发育感光性不同的遗传背景中表达，并获得了发育感光性极强的温敏不育株，这些温敏不育株的临界温度存在较大差异。该组合所有F_2、F_3群体中的不育株内没有出现光敏不育株。

（3）在"W6154S"×"农垦58"与"培矮64S"×"农垦58"的F_2、F_3群体中又获得了发育感光性强弱不同的光敏不育株，没有出现典型的温敏不育株。

（4）光敏不育基因和温敏不育基因的表达条件都受所在遗传背景的影响，即影响不育基因完全表达所需的临界光长和温度条

件，而不改变其光敏或温敏的基本特性。在这些杂交组合中，生育期长短、发育感光性及发育感温性强弱与育性的光温敏感性间没有明显的直接对应关系，不同类型不育株随机分布在不同的熟期生态型背景单株中，故认为影响光敏不育基因和温敏不育基因表达条件的遗传背景因子是多方面的。

第四节 ▶
生态类型与感光性、感温性的关系

　　表6-9为我国部分粳型光温敏核不育系水稻的熟期性与光敏性、温敏性及推定感光性和感温性，表6-10为我国部分籼型光温敏核不育系水稻的熟期性与光敏性、温敏性及推定感光性和感温性。我们可以从我国部分光温敏核不育系的原产地（即育成单位所在地）的熟期性来推定其感光性或者感温性，也可以从感光性或者感温性来推定其熟期性，然后与它的光敏性和温敏性相联系，对该光温敏核不育系的熟期性和光温反应做出全面和系统的评价，以便指导实际应用。当然还应指出的是，由于不育系的选育地不一定是亲本的原产地，而且还可能存在双亲基因型的相互作用和其他复杂的原因，推定的结果可能与实际测定有差距，但是作为参考还是有价值的。当然，在研究和利用这些不育系时，于当地进行实际测定是必要的。

表6-9　我国部分粳型光温敏核不育系水稻的熟期性与光敏性、温敏性及推定感光性和感温性

不育系名称	生态类型	选育单位	推定	
			感光性	感温性
农垦58S	光敏，晚粳型	仙桃市沙湖原种场	强	中或强
N5047S	光敏，中熟晚粳	湖北省农业科学院	强	中或强
31111S	光敏，晚粳型	华中农业大学	强	中或强
WD$_1$S	光敏，晚粳型	武汉大学	强	中或强

续表

不育系名称	生态类型	选育单位	推定	
			感光性	感温性
7001S	光敏，晚粳型	安徽省农业科学院	强	中或强
C407S	光敏，早粳型	中国农业科学院	弱	中
1514S	光敏，晚粳型	宜昌市农业科学研究院	强	中或强
AB006S	光敏，晚粳型	武汉市东西湖区农业科学研究所	强	中或强
6334S	光敏，中熟晚粳	华中师范大学	强	中或强
浙农1S	光敏，中熟晚粳	浙江省农业科学院	强	中或强
N5088S	光敏，晚粳型	湖北省农业科学院	强	中或强
3088S	光敏，中粳型	湖南省农业科学院益阳市农业科学研究所	中	强

表6-10　我国部分籼型光温敏核不育系水稻的熟期性与光敏性、温敏性及推定感光性和感温性

不育系名称	生态类型	选育单位	推定	
			感光性	感温性
W6154S	温敏，早籼型	湖北省农业科学院	弱	中或强
8902S	光敏，早籼型	武汉大学	弱	中或强
8912S	光敏，中籼型	武汉大学	弱或中	中或强
8920S	光敏，中籼型	武汉大学	弱或中	中或强
W6184S	温敏，早籼型	湖北省农业科学院	弱	中或强
KS-14	温敏，早籼型	广西壮族自治区农业科学院	弱	中
KS-9	温敏，早籼型	广西壮族自治区农业科学院	弱	中
安农S-1	温敏，早籼型	安江农校	弱	中或强
5460S	温敏，中籼型	福建省农业科学院	弱或中	中或强

续表

不育系名称	生态类型	选育单位	推定	
			感光性	感温性
2177S	温敏，早籼型	广德市农业科学研究所	弱	中或强
培矮64S	温敏，中籼型	湖南杂交水稻研究中心	弱或中	中或强
8810S	温敏，早籼型	仙桃市农业科学研究所	弱或中	中或强
8904S	温敏，早籼型	武汉大学	弱或中	中或强
8906S	光敏，中籼型	武汉大学	弱或中	中或强
8909S	温敏，中籼型	武汉大学	弱或中	中或强
8910	温敏，中籼型	武汉大学	弱或中	中或强
8923S	光敏，中籼型	武汉大学	弱或中	中或强
8922S	光敏，中籼型	武汉大学	弱或中	中或强

第七章

雄性核不育系水稻的技术标准及生态适应性鉴定

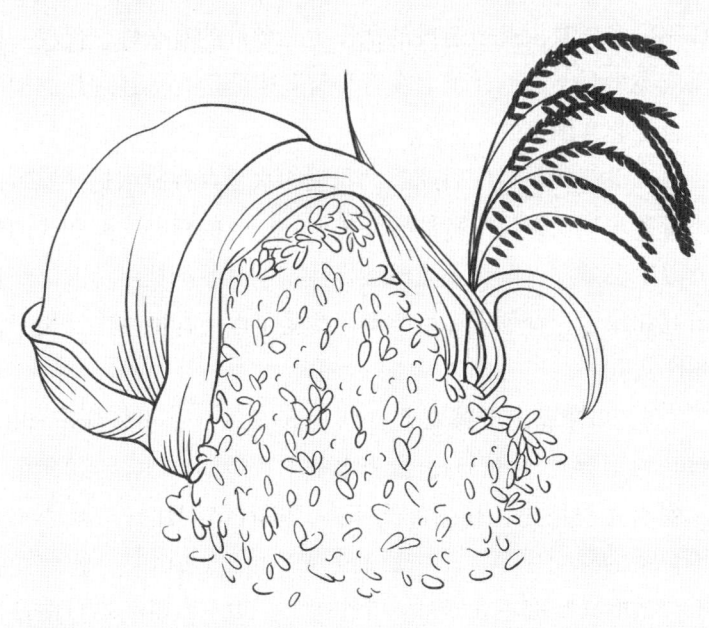

第一节 ▶
两系法杂交水稻雄性核不育系的技术标准和重要指标

一、两系法杂交水稻雄性核不育系的技术标准

在我国两系法杂交水稻雄性核不育系的研究过程中，从理论上来讲，理想的核不育系应具有光敏温度范围宽、可育下限温度低、不育上限温度高及光温互补效应强的光温反应特性，只有这样的不育系才具有广泛的适应性。但是，实践证明，由于我国稻区辽阔，稻作制度多样及由此所造成的稻作生态条件的复杂性，仅仅一种光温反应类型是不够的，加之在育种实践中要选育上述理想类型的不育系也是非常困难的。

自20世纪80年代中后期起，我国的水稻育种家根据光温敏雄性核不育系水稻光温反应特性研究进展、广泛的育种实践和我国稻区的光温生态条件，制订了光温敏雄性核不育系的技术标准。经过不断研究和探索，育种家和生产部门接受了以下标准并广泛用于育种的生产实践。

①1 000株以上群体农艺性状整齐一致。②不育株率100%，镜检花粉不育度＞99.5%，套袋水稻不育度＞99.5%。③开花习性好。要求花时集中，柱头外露率高，并且结实性好。籼型光温敏核不育系的异交率不亚于"珍汕97A"和"V20A"，粳型光温敏核不育系的异交率不亚于"六千辛A"。④不育系的不育期长且稳定。在当地自然日照条件下栽培时的稳定不育期＞30 d，可育期的

自然结实率>30%。⑤导致不育的起点温度低，即由可育转为不育的温度华南地区为≤24℃，长江流域及其以北地区为≤23℃。

上述标准原则上应对我国所有水稻光温敏核不育系都适用。光温敏核不育系只是育种家手中选配的两系杂交稻的一个遗传工具，从这个角度讲，实用的核不育系除了要求达到上述标准外，还要求具有良好的农艺性状、稻米品质和对病虫害的抗性。

二、两系法杂交水稻雄性核不育系的重要指标

（一）不育临界光长

核不育系育性转换的临界光长是指诱导不育系的育性由可育转为不育的最短光照长度（通常指光照强度≥50 lx的光照长度）。该指标反映核不育系不育性的适应地理纬度和季节。

（二）长光不育临界低温

核不育系的长光不育临界低温，是指在长光照下能诱导可育向不育转换的起点温度，也称"不育起点温度"或"不育下限温度"。这个指标反映核不育系不育性的温度稳定性，在一定光长条件下，不育起点温度越低，不育性越稳定，应用中制种纯度就越高，制种的风险就越小。所以生产上对"不育起点温度"的一般要求是：在当地自然长日照季节，日平均温度23~24℃，日最低温度19~20℃，持续时间5~7 d仍能稳定不育。

（三）短光可育临界高温

核不育系"短光可育临界高温"是指在短光照条件下保持雄性可育的最高温度，也称为"可育上限温度"。其意义在于：在一定短光照条件下，可育上限温度越高，可育性越稳定，繁殖产量就越高，繁种的效益也越好。

"可育上限温度"的一般标准是：在自然短日照季节，日照长度≤12.0~13.5 h，日平均温度≥30℃的高温下，持续时间5~7 d，

能较稳定地转向可育，自然结实率≥30%。

（四）温敏雄性核不育系的不育临界温度

温敏雄性核不育系的育性对光照长度变化通常没有反应，没有不育临界光长，其育性转换主要由"不育临界温度"（不育起点温度）决定。因此，不育临界温度是温敏类型不育系最主要的育性技术指标，它是指在"生物学下限温度"以上，由不育转为可育，或者由可育转为不育的温度。

不育临界温度指标值的高低，对其繁种、制种的成败有重要影响，临界温度低的不育系具有稳定的不育性，制种风险小，可以确保杂交种子的纯度。当然，育性转换起点温度低的不育系同时又会给繁种带来困难。

三、临界光温指标值的推测方法

准确测定核不育系水稻的不育临界光长是非常困难的，但可通过自然光温条件和人工光照条件两种方法获得其估计值。自然光温条件下采取"分期播种"获得连续抽穗群体，根据大量观测值及其对应的敏感期内理论光照长度平均值的关系，在一定温度条件下可分析出可育→不育转换，或者不育→可育转换的光照长度估计值。人工光照条件测定临界光长则是在一定温度下采用系列人工光长处理光敏感期，根据育性结果找到开始表现不育的最短光长的处理。

在水稻光温敏两用核不育系转换临界日长的研究中，薛光行等于1992年提出了"雄性完全败育的临界日长值"和"诱导雄性败育的临界日长值"两个概念。支持这种概念的试验是在1987—1988年这两年内完成的，现以粳型两用核不育系"鄂宜105S"作供试材料为例，说明推定临界光长的方法。

图7-1是用不同日照时数作横坐标，用各光长下的空瘪（败育）花粉率作纵坐标绘制曲线，得到一"S"形曲线，该曲线有拐点"i"

和"a"。从图上不难看出日照时数短于"i"点横坐标值时，空瘪花粉率不随日照时数的增加而明显增加，日照时数长于"a"点横坐标值时，空瘪花粉率变化也甚缓；只有日照时数在"i"点与"a"点横坐标值的区间时，空瘪花粉率才随日照时数的增加而急剧增加。这种情况表明应有2个不同的水稻两用核不育系不育临界日长值存在。用不同日长下花粉败育率平均值差异显著性的LSR检验更进一步看出，13.42 h的处理与10.00 h或12.50 h的处理有显著差异，故可将13.42 h作为在"i"点的日照时数估值，而综合图表分析曲线和花粉败育率数据，则可知"a"点的日照时数估值。因此，可以认为雄性完全败育的临界日长值为14.33 h，而上述"i"点的估值即诱导雄性败育临界日长值为13.42 h。"雄性完全败育的临界日长值"概念的提出，支持了育性转换是一个连续的、短暂的数量变化过程的观点。

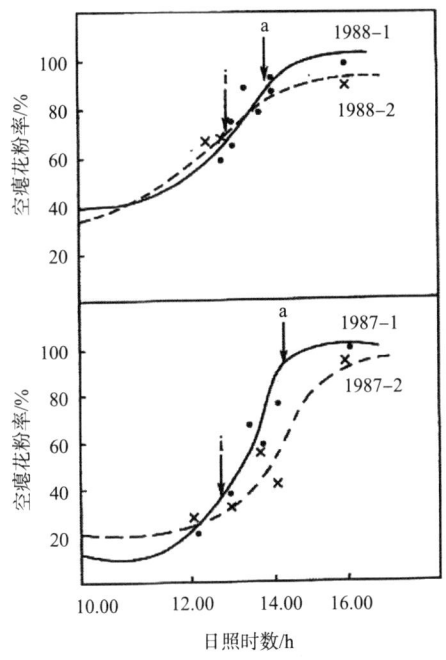

图7-1　"鄂宜105S"的光长–空瘪花粉率"S"形曲线

"不育起点温度"一般在自然条件下通过分期播种可大致确定，但是由于温度是个变动因子，年际间往往难以重现，所以难以精确确定其数量关系。测定核不育系不育起点温度时，利用人工模拟光温生态条件则易得到可靠的结果。张自国等用自然光照下可控温度的人工气候箱群，在武汉7月下旬至8月上旬自然光长≥14 h的情况下设置日平均温度22℃、24℃、26℃及28℃四种温度等级处理，于核不育系育性转换敏感期（雌雄蕊分化至花粉母细胞减数分裂）进行10 d的连续处理，待抽穗后观察育性（表7-1），在长光照（≥14 h）下自交不实率99.5%以上作为不育的划分标准，来确定各核不育系达到不育标准的最低温度。部分温敏核不育系的不育临界温度见表7-2。

短光可育上限温度也可在自然条件下用分期播种的办法，依短日下自交结实率及花粉可染率来大致确定。利用人工气候箱精确测定不育系的可育起点温度时，可参照中国水稻研究所等单位1990—1991年鉴定"农垦58S""7001S"等粳型光敏核不育系中人工气候箱内的光温设置，即光长13.25 h下用日平均温度23.5℃、25.7℃、29.7℃3个温度等级处理，可以获得较好的鉴定结果。对籼型温敏核不育系中人工气候箱的光温设置，请参照表7-3进行操作。

表7-1　粳型光敏核不育系的长光不育临界温度的鉴定

不育系名称	育性鉴定项目	日平均温度（昼温/夜温）			
		22℃（24℃/20℃）	24℃（26℃/22℃）	26℃（28℃/24℃）	28℃（30℃/26℃）
农垦58S	花粉败育率/%±s/%	90.5±15.8	97.7±3.5	97.3±9.9	99.4±2.0
	自交结实率/%±s/%	0.35±0.84	0.22±0.93	0.00±0.00	0.00±0.00
31111S	花粉败育率/%±s/%	99.1±0.4	100±0.0	100±0.0	100±0.0
	自交结实率/%±s/%	0.0±0.0	0.0±0.0	0.0±0.0	0.0±0.0

续表

不育系 名称	育性鉴定项目	日平均温度（昼温/夜温）			
		22℃（24℃/ 20℃）	24℃（26℃/ 22℃）	26℃（28℃/ 24℃）	28℃（30℃/ 26℃）
7001S	花粉败育率/%±s/%	99.7±1.5	100±0.0	100±0.0	100±0.0
	自交结实率/%±s/%	0.0±0.0	0.0±0.0	0.0±0.0	0.0±0.0
N5088S	花粉败育率/%±s/%	96.3±5.6	99.8±1.0	98.8±2.0	100±0.0
	自交结实率/%±s/%	0.48±1.7	0.0±0.0	0.0±0.0	0.0±0.0
31301S	花粉败育率/%±s/%	95.3±6.3	92.5±6.4	93.3±6.6	99.7±1.4
	自交结实率/%±s/%	1.63±2.29	0.42±0.92	0.27±1.10	0.0±0.0

注：育性鉴定项目栏中"s"指标准差。

表7-2　部分温敏核不育系的不育临界温度

不育系名称	类型	不育临界温度/℃
W6154S	籼	24.2～26.5
安农S-1	籼	24.2～26.5
5460S	籼	26.3～28.5
2558S	籼	<21
644S	籼	<23
测64S	籼	<23
培矮64S	籼	23
W9046S	籼	>28
N31S	籼	>28

表7-3　籼型温敏核不育系人工气候箱光温设置

日平均温度/℃	光长11.5 h	光长12.5 h	光长13.5 h	光长14.5 h
28	G	C	C、G	C
24	G	C	C、G	C、G
23	G、C	C	C、G	C

注：RH≥75%；光照强度为5×10^4 lx；对照组为"培矮64S"（1996年核心种）；C表示中国水稻所有做、G表示广东省农业科学院水稻研究所有做，出具报告时只用标注单位的数据；G、C或C、G表示中国水稻所和广东省农业科学院水稻研究所均做，用于数据验证。

第二节 ▶
两系法杂交水稻雄性核不育系的生态适应性鉴定

一、生态适应性鉴定的目标和方法

（一）鉴定目标

对光温敏雄性核不育系在人工气候箱中经过4级光照长度（14.5 h、13.5 h、12.5 h、11.5 h）和3级温度（28.0℃、24.0℃、23.0℃）组合的育性鉴定，证明其不育性符合核不育系标准后，再进行自然生态条件下的适应性联合鉴定。这是一项相当于新品种或新组合区域性试验的多点联合生态鉴定。生态适应性鉴定是光温敏雄性核不育系水稻鉴定程序的最后一个必须完成的项目。

新育成的光温敏雄性核不育系进行生态适应性鉴定的总体目标是：①用各生态试验点的实际光温生态因子评价核不育系的光温组合效应和地理适应范围；②研究核不育系在不同稻区的生态条件下的适应能力，以鉴定核不育系的实用价值，为强优组合的测验和繁制种技术提供科学依据。具体的鉴定任务可以归纳为以下几点：

1. 核不育系的育性类型

雄性核不育系水稻的不育系一般可以分为"温敏""光敏""光温互作"3种类型，对核不育系育性转换类型的鉴定为生产应用提供重要技术支撑。

2. 核不育系的育性敏感期

育性敏感期不仅是核不育系重要的生态特性，在生产上还涉及核不育系的冷繁技术、制种亲本播差期的确定，以及夏季低温对育性危害的估计等技术方案的制订。

3. 不育性稳定性和可繁性

"不育性稳定性"是核不育系在不育期间的稳定程度，而"可繁性"是指核不育系在可育期间育性的可恢复程度。核不育系在自然生态条件下的这些育性特征是生产应用的重要技术指标。

4. 核不育系的育性转换光温指标

利用自然播种条件下的连续育性变化资料和当地实际记录到的光温资料，分析核不育系育性转换光温指标，为生产应用提供理论依据。

（二）鉴定方法

1. 地理分期播种试验方法

地理分期播种试验方法是地理播种和分期播种两种试验方法的结合。地理播种试验利用不同纬度或不同海拔高度地区具有不同光温生态条件的特点，进行光温敏核不育系适应性鉴定；分期播种试验则是利用同一地区不同季节具有不同生态条件的特点，进行光温敏核不育系适应性鉴定。将两种试验方法结合起来的地理分期播种试验方法，可以达到从时间和空间两个方面设置光温生态因素，实现对核不育系进行系统、全面的生态适应性分析。

地理分期播种试验的优点是：①试验的光温生态条件具有明显的自然性，鉴定结果最靠近生产实际；②试验的光温生态条件可以根据研究需要由试验点的分布和播种期的安排予以调节；③由于田间试验的成本较低，试验可以获得大量样本，确保试验结果的准确性。

2. 观测项目、标准和方法

根据生态适应性鉴定的目标，国家"863"计划"新不育系联合生态适应性鉴定"项目组于1996年在武汉制订了相应的观测方案，规定了必须观测的内容、标准、方法，具体如下：

（1）套袋自交结实率。观测时间：自第一播种期开始抽穗日起到最后播种期抽穗日后10 d止为观测期；观测期内每隔1 d对穗顶小穗已抽出主茎（尚未开花）或大分蘖穗挂牌套袋，30 d以后做自交结实率测定。

套袋数量：每次、每个核不育系5株以上、套袋10穗以上。

播种衔接：每个播期自始穗起观测1周左右，播期转换时，应对相邻两播期重复观测1次，相邻两播期的观测脱节时，可适当延长前一播期的观测时间，尽量减少漏测。

观测方法：每次挂牌套袋时需写明不育系编号或名称，套袋日期。口袋应选用透明、防雨、通气好的材料。套袋时应让剑叶伸出并用回形针将口袋与剑叶夹牢。

自交结实率观测：套袋后30 d按日逐穗分实粒、瘪粒、空粒考察自交结实率。"实、瘪、空"粒的标准为：实粒——灌浆正常；瘪粒——子房已伸长，占颖壳1/2以上，灌浆不及正常粒1/2；空粒——子房未伸长。注意假性子房膨大粒，应压破籽粒，若无淀粉则为空粒，若有淀粉则为实粒。

（2）花粉育性。观测时间：与套袋自交结实率观测同步进行。

取样数量：每个套袋穗在套袋前取第一次枝梗上部3～5朵颖花作为样本，分成两组，一组混合制片后，观测花粉育性；另一组留作必要时的复查。

观测方法：将观测样本加I_2-KI溶液1滴，用60～100倍显微镜观测花粉育性。每样片观测3个视野，每个视野的花粉粒应不少于100粒。分败育花粉（典败与圆败）、染败花粉、正常花粉3类计数。

固定保存方法：因观测量大不能完成每日花粉育性测定时，可用卡诺溶液保存。卡诺溶液配方为：乙酸1份，95%以上乙醇3份。

（3）叶龄与发育期。叶龄：观测主茎叶龄数。每播期、每不育系定苗5株进行观测。

发育期：包括播种日期、移栽日期、始穗日期、抽穗日期、齐穗日期、成熟日期。

二、生态适应性的鉴定

组成全国性的新不育系联合生态适应性鉴定研究课题协作组，制订统一的技术操作、数据采集、处理标准，进行两系法杂交水稻雄性核不育系生态适应性的鉴定。试验的技术要求如下：

（1）栽培技术：秧龄15～30 d，移栽叶龄5～7叶，栽插密度167 mm×267 mm，单苗植，每期总数80～100苗。

（2）田间管理：中等施肥水平，无杂草、无病虫害。

（3）注意灌溉水温：不用井水或者水库深层水灌溉，不用太阳直接照射时间太长的水灌溉。

（4）资料的整理与总结：观测结果应填写统一的报表，并由试验负责人审核。每份报表必须同时附加逐日气象资料，资料项目为日平均温度、日最高温度、日最低温度、逐日日照时数和日降水量，共计5项。试验结束后2个月内，各生态试验点应完成试验总结1份，根据试验目标对参试不育系的光温反应类型、育性敏感期、育性转换指标及不育系的实用价值提出分析结果。

三、生态适应性分析的具体方法

（一）不育系的特征分析

1. 不育系育性类型分析方法

（1）"育性-生态图型"判别法。这是一种图形相似分析方法。其依据是光温反应相似的不育系具有类似的"育性-生态图型"，而光温生态反应不同的不育系其"育性-生态图型"则显著不同。所谓"育性-生态图型"是核不育系的自交结实率随光温条件变化而规律变化的一种图型表达。"育性-生态图型"的制作可以分为以下三个基本操作步骤：

第一步，根据分析区域的温度和日长变幅合理确定光温组合条件，温度和日长的组合可以根据育性指标区划结果来划分，亦可以根据不育系的育性目标或生产需要来划分。根据我国稻作气候的特点和对实用不育系育性转换指标的要求，温度的组距常以<24℃为低温组、24～27℃为中温组、>27℃为高温组。日长则以<12.0 h为短日照、12.0～13.0 h为中日照、>13.0 h为长日照组，据此可以分为9个光温组合条件。

第二步，按照光温组合条件归并不育系的套袋自交结实率资料，并统计各光温组合条件的平均自交结实率。

第三步，绘制"育性-生态图型"并按下列原则做育性类型分类。光敏类型不育系：3个短日-温度组合的自交结实率均高，3个长日-温度组合的自交结实率均低。温敏类型不育系：3个低温-长日组合的自交结实率均高，3个高温-长日组合的自交结实率均低。光温互作类型不育系：低温-短日或适温-短日（或低温-中日）的自交结实率均高，高温-长日或高温-中日（或适温-长日）的自交结实率均低。

（2）方差分析法。将方差分析方法用到不育系类型分析中来是基于核不育系的自交结实率变化主要是由育性敏感期间的温度或者日照长度差异造成的，因此可以对育性变化采用变量分析法，将因温度和日照长度引起的育性变化分别从总变异量中分解出来，并计算每一变量的方差。将变量进行显著性假设检验，就能比较温度和日照长度对自交结实率影响的重要性，进而确定核不育系的育性类型。一般可按下述标准判别核不育系的育性转换类型：

若温度的 F 值在0.01显著水平，日照长度的 F 值不显著，判定为温敏类型核不育系。

若温度的 F 值不显著或只有0.05以上显著水平，日照长度的 F 值达0.01以上显著水平，判定为光敏类型核不育系。

若温度和日照长度的 F 值在同一显著水平上，判定为光温互作类型核不育系。

2. 育性敏感期分析法

（1）相关分析法。核不育系育性敏感期的相关分析法通常将幼穗分化历期划分为若干个时段并统计各时段的温度和日照长度平均值，进而把各时段的光温平均值与核不育系的自交结实率平均值绘制成直线和曲线并分析相关程度，依据相关密切程度判断育性敏感期。

（2）事件概念回归分析法。此法实际上是一种简单的多元回归分析法，可以用来估计一些事件出现或者不出现时，另一些事件出现的概率。

设以 "y" 记为回归对象在回归因子处于某种状态（出现或者不出现）时的概率，x_i（$i=1$，2，3，$\cdots$，m）为回归因子在一次观测中出现的频率，则事件概念回归模型如下：

$$y = a + \sum_{i=1}^{m} b_i x_i$$

上式中回归系数 b_i 表示自回归变量 x_i（$i=1$，2，3，$\cdots$，m）取

1时（即相应的随机现象出现时）对回归对象出现概率的贡献，它表示了回归因子与回归对象相关的密切程度。

对某一核不育系用事件概率回归分析方法做育性敏感期分析时，可根据该核不育系的育性（套袋自交结实率）和气象资料序列，将核不育系的幼穗分化历期（一般为抽穗当天至抽穗前30 d）分为 m 个时段，令 x_i 代表第 i 时段的温光状况，当该时段的温度（或日长）低于设定的温度（或日长）值时，令 $x_i=1$，否则令 $x_i=0$（$i=1$，2，3，…，m）；b_i 为第 i 时段内低温（或短日照）对该不育系可育的贡献率（$i=1$，2，3，…，m）；y 代表该核不育系的育性状况，当自交结实率≥0.5%时，记为该核不育系可育，令 $y=1$，否则令 $y=0$，如果低温（或短日照）时可育概率的贡献 b_i（$i=1$，2，3，…，m）的最大值出现时段一致，且明显大于其他时段的概率贡献时，就可以认为该最大值所在的时段为该核不育系的育性转换敏感期。具体处理时，育性敏感期的时段划分可按5 d、10 d或15 d间隔划分，界限温度可在23～25 ℃内按0.5 ℃的间隔划分；临界日长可在11.5～13.0 h内按0.5 h或者0.25 h的间隔划分。

（二）不育性稳定性和可繁性分析方法

光温敏雄性核不育系水稻不育性是指在适宜光温条件下自交不育的稳定性和彻底性；而可繁性则是在适宜的光温生态条件下核不育系的育性恢复力，它们构成了核不育系实用价值的主要特性。

根据上述原则，我国水稻新育成光温敏核不育系联合生态适应性鉴定研究组提出了用田间分期播种试验资料作不育性和可繁性分析的标准和分析的结果，以发挥田间试验样本容量大、成本低、育性变化与生产实际接近的优点。

参照人工气候箱鉴定核不育系的不育性和可繁性的评价标准（表7-4）对核不育系的不育性和可繁性进行分析。

表7-4　人工气候箱光温生态鉴定结果的评价标准（自交结实率）

温度/ ℃	不育性				可繁性	
	光长15.5 h		光长13.5 h		光长12.5 h	光长11.5 h
	不育度/ %	单株极值/ %	不育度/%	单株极值/ %	可育度/%	单株极值/ %
28	≥99.9	≥99.5	≥99.9	≥99.5	见具体可繁性标准	
24	≥99.5	≥98.5	≥97.0	≥95.0		
23	≥97.0	≥95.0	≥95.5	≥92.5		

1. 不育性分析

水稻新育成光温敏核不育系联合生态适应性鉴定研究组制订用田间分期播种试验的套袋自交结实率资料进行"不育性"鉴定的标准。

（1）温敏型核不育系。鉴定其在长日（13.5 h）和短日（11.5 h）条件下的不育性稳定性，其判别标准如表7-5。

100分：满足A、B、C、D项，并满足E、F项中的任意一项；或满足A、B、C、D项中的3项，并满足E、F项中的任意一项，说明育性转换临界温度为23～24℃。

70分：满足A、B、C、D项中的3项，说明育性转换临界温度在24℃左右。

50分：仅满足A、B项指标，或6项指标均不满足，说明育性转换临界温度指标高于24℃，不育性易受低温影响而发生波动。

表7-5　温敏型核不育系的不育性稳定性判别标准

光温组合 （℃/h）	28.0/13.5	28.0/11.5	24.0/13.5	24.0/11.5	23.0/13.5	23.0/11.5
自交不育度/%	A	B	C	D	E	F
	≥99.5	≥97.0	≥97.0	≥95.5	≥95.5	≥93.0

（2）光敏型核不育系。鉴定该类型核不育系在长日下各温度级的不育性稳定性，其判别标准如表7-6。

100分：满足全部5项指标；或者满足A、B、C项，且D、E项中仅一项超标，说明长日照下不育性稳定。

70分：满足A、B、C项，说明长日照下不育性基本稳定。

50分：只满足A、B项指标，或者只满足1项，或全部不满足，说明不育性易受温度影响而发生波动。

表7-6 光敏型核不育系的不育性稳定性判别标准

光温组合（℃/h）	28.0/13.5	26.0/13.5	24.0/13.5	23.0/13.5	22.0/13.5
自交不育度/%	A	B	C	D	E
	≥99.5	≥99.0	≥97.0	≥95.5	≥93.0

（3）光温互作型核不育系。鉴定2级日长（13.5 h，11.5 h）和3级温度（28℃，24℃，23℃）条件下的不育性稳定性，其判别标准如表7-7。

100分：满足全部6项指标，或者满足A、B、C、D、E项，说明该不育系在低温及短日下不育性稳定，应用前景好。

70分：满足A、D项，且B、E项中有一项达标，说明该不育系能适应较短日长或较低温度，有一定应用区域。

50分：只满足A、D项或更少，说明不育性易受低温或短日影响而导致育性产生波动。

表7-7 光温互作型核不育系的不育性稳定性判别标准

光温组合（℃/h）	28.0/13.5	24.0/13.5	23.0/13.5	28.0/11.5	24.0/11.5	23.0/11.5
自交不育度/%	A	B	C	D	E	F
	≥99.5	≥97.0	≥95.5	≥97.0	≥95.5	≥93.0

2. 可繁性分析

人工气候箱光温生态鉴定的可繁性标准为4级。1级：至少1个处理自交结实率＞20%。2级：至少1个处理自交结实率为

10%～20%。3级：至少1个处理自交结实率为5%～10%。4级：自交结实率＜5%。

（1）平均自交结实率比较。由于所有参加联合生态鉴定试验的核不育系的育性变化数据都是在相对一致的光温生态条件下测定的，因而其育性均值就能反映核不育系间的可繁性差异。参照人工气候箱执行的可繁性标准，将其可繁性分成如下3级。

1级：平均自交结实率＞20%，最大自交结实率＞60%。

2级：平均自交结实率10%～20%，最大自交结实率40%～60%。

3级：平均自交结实率＜10%，最大自交结实率＜40%。

（2）光温组合分级法。用核不育系在自然分期播种中的育性资料按照人工气候箱光温生态鉴定的可繁性标准进行统计评判。

（三）育性转换光温指标分析方法

育性转换光温指标是定量表示核不育系育性转换时的光温条件量值，定量的育性转换指标是判断核不育系实用价值和适应区域的主要依据，因而成为核不育系育性生态特性中最关键的特征值。

1. 光温因素分级法

（1）温敏类型核不育系。①按育性考察期的实际温度波幅，以1℃间隔分若干温度级，各温度级均取中值为代表温度值。②将育性敏感期的平均日长＞13.0 h的自交结实率资料（目的是排除短日对育性的影响）按育性敏感期的平均温度值归并至各温度级中，并求算各温度级的平均自交结实率。③确定一个育性标准（一般为自交结实率1%～2%）并与各温度级的平均自交结实率做比较，确定育性转换温度指标。

（2）光敏类型核不育系。①按育性考察期的实际日长幅度，以0.2 h（或0.3 h）为间隔划分为若干日长级，各日长级取中值为代表的日长值。②取高温（＞27℃）下的自交结实率观测值（目的是排除温度对育性的影响），根据育性敏感期的平均日长归并至各日长级内并统计各日长级的自交结实率平均值。③确定自交结实率1%～2%为不育性标准，并与各日长级的平均自交结实率做比较，确定核不育系的育性转换临界日长指标。

（3）光温互作类型核不育系。光温互作类型核不育系采用光温因子同时分级的方法做育性指标分析。一般若有300个以上的分析样本，温度波幅在10℃、日长幅度在3 h左右时，温度可分为6级，即＞27℃、26.5±0.5℃、25.5±0.5℃、24.5±0.5℃、23.5±0.5℃、＜23℃；日长可分为3级，即＞13.0 h、12.0～13.0 h、＜12.0 h，共组成18个光温组合等级来做育性指标分析，每级约可占有15个分析样本，分析步骤与光敏或温敏类型核不育系的育性指标分析相似。

2. 育性量化模型分析

育性量化模型表达式如下所示：

$$P = P_0 \cdot \left[\frac{t - t_L}{t_0 - t} \right]^A \cdot \left[\frac{t_H - t}{t_H - t_0} \right]^B \cdot e^{c(D - D_0)}$$

上式中P为自交结实率，P_0为不育系在种植地的最大自交结实率；t、D分别为育性敏感期的平均温度和理论日长，t_L为低温。t_H为高温，t_0为育性转换临界温度，D_0为育性转换临界日长；A、B、C分别表示不育系对高温（$t > t_0$）、低温（$t < t_0$）和日长的敏感系数，可用于判断不育系的育性类型；育性量化模型需要满足当$D \leq D_0$时，$D = D_0$的条件。在用分期播种法获得完整的套袋自交结实率资料的基础上，配以相应的温度和日长资料，即可用最小二乘法求得育性量化模型的各项参数。

（四）不育系的适应性分析方法

1. 育性指标区划

我国稻区辽阔，地形、地势复杂，季风影响显著，水稻种植区域的光温生态条件差异甚大。全国稻区夏至日长差异可达3.5 h，最热月（7月）的平均温度武汉可达28.8℃，成都为25.0℃，沈阳为24.6℃，而昆明仅为19.8℃。明显的水稻光温生态差异表明，任何一个育性稳定的光温敏雄性核不育系只能适应我国广大稻区的某一个或某几个特定的光温生态区域。因此，对我国辽阔稻区的光温条件做育性指标区划，既是核不育系选育的需要，也是对已育成的核不育系进行区域适应性分析的依据。

对我国广大稻区的光温条件做育性区划的目标是：依据全稻区内显著的温度和日长差异，按相似的原则划分成若干个温光条件差异不大的区域。育性指标区划的基本方法是用聚类分析方法（组距离平均法）进行。区划的范围为33个城市，它们的纬度为18°14′N（三亚）～39°48′N（北京），经度为121°26′E（上海）～98°29′E（腾冲），海拔高度为4.4 m（上海）～1 891.4 m（昆明）。区划所用的生态资料包括1951—1988年的逐日平均温度和逐日日长，根据核不育系有一系两用的特点，区划分可繁指标区划和制种指标区划两类。鉴于低于不育临界温度的低温和短日是导致制种时核不育系育性波动的主要原因，故制种光温区划指标选用90%高温保证率和90%长日照保证率作为聚类分析的光温条件，用该条件做出的制种区划指标进行制种实践时，其失败概率为十年一遇。同样，繁殖的光温区划指标选用90%低温保证率和90%短日照保证率作为聚类分析的光温条件，用该条件做出的区划指标，其繁殖的失败概率也仅有10%。

2. 繁殖与制种的风险概率分析

充分利用气候资源的规律，分地区、分季节对不同的温度强度和持续时间做出概率分析，并运用这些规律恰当地选择制种和繁殖季节，是对核不育系进行气候适应性分析的一种方法。对温敏类型核不育系的繁殖和制种风险概率分析一般可按如下方法进行。

风险概率分析的温度和时间分级：温度分为22℃、23℃、

24℃；时间分为一旬内出现1 d及1 d以上，一旬内出现2 d及2 d以上，一旬内出现3 d及3 d以上。上述3级低温时间在一旬内可以不连续。

风险概率分析方法：按年逐旬进行统计。做制种风险概率分析时，凡出现低于某一温度强度和时间级的年、旬称为"有风险"，未出现的则为"无风险"。风险概率是指有风险的旬数占总旬数的百分率。

（五）雄性核不育系的制种技术与光温生态的关系

1. 制种技术与光温生态条件的关系

两系法杂交水稻种子生产是以核不育系与可育品种（恢复系）组配而成，其生产体系与三系法杂交稻的差异主要在于不育系。三系法杂交稻制种所采用的不育系是细胞质雄性不育系，而两系法杂交稻制种所采用的不育系是细胞核雄性不育系，前者的不育性稳定且不受时间地点和光温条件的限制，抽穗扬花季节可以广泛选择；而两系法杂交水稻所用的光温敏核不育系，其育性稳定性受光温调节与控制，这种特点导致了两系法杂交水稻制种具有特定的难度。

两系法杂交水稻安全制种必须具备两个必要条件：①制种时不育系在育性敏感期必须具有稳定不育的光温生态条件；②必须确保父母本花期相遇。唯有在这两个必要条件的基础上确定适宜的播种差期（播差期），才能保证制种的产量和纯度。从生产实际来看，两系法杂交水稻的制种技术在地区间、组合间尚不平衡。制种产量较高的组合亩产可达200 kg甚至更高，而制种产量低的组合亩产仅10 kg甚至更低。不过经育种单位的研究和推广部门的共同努力，已经探索出一系列的制种高产技术，无论是粳型还是籼型不育系，目前的制种产量一般亩产达150 kg以上，从而保证了生产杂交稻种子公司的盈利。

与三系法制种相比较，两系法杂交水稻制种的成功关键是选择最佳抽穗扬花期。由于光温敏核不育系育性受光温条件的调控，其制种的抽穗期不能像三系法雄性质不育系那样任意调节，以长江中下游地区为例，两系法杂交水稻光温敏核不育系可在6月底至7月上旬抽穗，往往受到低温的影响，易造成育性波动、反复；而如果在8月下旬抽穗，则大多数光温敏核不育系已进入育性转换敏感期。因此，只有在稳定不育期抽穗，才能保证制种的纯度和产量。在上述保证质量的前提下，再考虑避免高温对制种的不利影响，达到制种既优质又高产的目的。研究指出，两系法粳型雄性核不育系水稻制种的父母本抽穗期如果遇到平均温度30℃以上时，对开花授粉和异交结实率十分不利，而且在两系法籼型核不育系制种时也观察到有类似现象。

由上所述可知"花期相遇"对两系法杂交水稻制种的重要性，而要达到花期相遇的目的，掌握播差期就成为不可或缺的一环。现以我国在生产上发挥过重大作用的两系法杂交水稻"两优培九"为例来加以阐述。

在母本稳定不育期分析的基础上，制种播差期的计算只需根据预计的母本抽穗日期，按盛花期相遇的原则（母本一般应比父本早抽穗1~2 d）做父本抽穗日期的调整后，由父母本的生育期模型参数推算父母本的播种日期，两者的播种日期差即为"制种播差期"。

我国南方单季稻区的前茬大致有如下几种：①油菜茬，水稻一般在4月25日播种，5月中下旬插秧；②大麦茬，水稻一般在5月1日播种，5月下旬插秧；③早小麦茬，水稻一般在5月5日播种，6月上旬插秧；④晚小麦茬，水稻一般在5月10日播种，6月上中旬插秧。

表7-8是"两优培九"在我国南方单季稻区以上述4种茬口计算的制种播差期结果。云南昆明地区因海拔高度超过1 000 m，7月平均温度一般低于22℃，"9311"和"培矮64S"均不能

正常抽穗，所以"两优培九"不能在该地种植。就华中而言，随父本播期的推迟，父母本花期的平均温度逐渐升高，发育速度加快，制种播差期缩短。其中江淮单季稻区表现尤为明显，川陕单季稻区和贵阳由于温度较低，播差期的这种变化趋势不明显。"两优培九"在不同地区制种时的亲本播差期差异与种植地区纬度、海拔高度、播种期密切相关，可以建立播差期天数（N）与种植地纬度（Φ）、种植地的海拔高度（H）、播种日期（D）（用距6月1日的天数表示）的多元线性回归方程：$N=0.3127D-0.1639\Phi+0.0097H+17.968$（$r=0.81$，$n=42$，$r_{0.01}=0.454$）。由于温度的年际波动，两系法杂交水稻制种播差期的年际差异亦相当大，若用播差期相对变率表示播差期的年际波动

$$播差期相对变率=\frac{最大播差期-最小播差期}{平均值}\times100\%$$

，相对变率一般为50%～80%，最大可达100%，这表示"两优培九"的制种播差期受气候变化影响很大。因此，研究制种播差期预测方法和生育期调节的促控措施，对两系法杂交水稻制种显得尤为重要。

上述分析方法和结果可作为生产实践参考。

表7-8 我国南方一季稻区11城市4种茬口的"两优培九"的制种播差期

"9311"播种日期/(月-日)

站名	抽穗期	04-25				05-01				05-05				05-10			
		A	B	C/d	D/%	A	B	C/d	D/%	A	B	C/d	D/%	A	B	C/d	D/%
成都	平均①	08-22	05-18	22.5	67	08-25	05-22	22	64	08-29	05-27	22	64	09-01	06-02	22	51
	最晚②	08-31	05-25	30		09-04	05-30	29		09-08	06-03	29		09-10	06-06	27	
	最早③	08-13	05-10	15		08-10	05-16	15		08-18	05-20	15		08-22	05-26	16	
汉中	平均①	09-01	05-23	28.5	74	09-02	05-25	24.5	78	09-05	05-30	24.5	100	09-07	06-03	24	51
	最晚②	09-16	06-03	39		09-17	06-04	34		09-23	06-11	37		09-28	06-14	35	
	最早③	08-15	05-13	18		08-17	05-16	15		08-18	05-17	12		08-22	05-23	13	
赣榆	平均①	08-28	05-26	30.5	75	08-29	05-28	26.5	79	08-30	05-30	25	88	09-01	06-02	23	84
	最晚②	09-15	06-06	42		09-16	06-07	37		09-16	06-10	36		09-19	06-11	32	
	最早③	08-09	05-14	19		08-10	05-17	16		08-11	05-19	14		08-13	05-23	13	
徐州	平均①	08-17	05-17	22	89	08-20	05-23	21.5	88	08-23	05-25	20	90	08-24	05-28	18	100
	最晚②	08-31	05-27	32		09-01	06-01	31		09-02	06-03	29		09-04	06-06	27	
	最早③	08-5	05-07	12		08-09	05-13	12		08-12	05-16	11		08-13	05-19	9	
高邮	平均①	08-24	05-20	25.5	67	08-26	05-23	22.5	67	08-27	05-24	20	77	08-30	05-29	19	84
	最晚②	09-08	05-29	34		09-10	05-31	30		09-11	06-01	27		09-15	06-06	27	
	最早③	08-08	05-12	17		08-10	05-16	15		08-11	05-27	12		08-13	05-21	11	
南京	平均①	08-16	05-19	24	67	08-18	05-22	22	60	08-20	05-25	20	80	08-22	05-28	18	78
	最晚②	08-28	05-27	32		08-29	05-29	28		08-31	06-02	28		09-01	06-04	25	
	最早③	08-05	05-11	16		08-08	05-16	15		08-09	05-17	12		08-11	05-21	11	

续表

站名	抽穗期	"9311" 播种日期/（月-日）															
		04-25				05-01				05-05				05-10			
		A	B	C/d	D/%	A	B	C/d	D/%	A	B	C/d	D/%	A	B	C/d	D/%
常州	平均①	08-18	05-21	26	62	08-20	05-25	24	50	08-21	05-26	21.5	70	08-23	05-30	21	63
	最晚②	08-29	05-29	34		08-30	05-31	30		08-31	06-03	29		09-02	06-06	27	
	最早③	08-07	05-13	18		08-10	05-19	18		08-10	05-19	14		08-13	05-24	14	
溧阳	平均①	08-18	05-23	27.5	47	08-19	05-24	23	49	08-21	05-27	22	33	08-23	05-30	20	26
	最晚②	08-28	05-29	34		08-25	05-29	28		08-29	05-30	25		08-30	06-01	22	
	最早③	08-09	05-16	21		08-10	05-18	17		08-12	05-23	18		08-05	05-27	17	
苏州	平均①	08-17	05-22	26.5	57	08-19	05-24	23	61	08-20	05-27	22	70	08-23	06-01	22	70
	最晚②	08-27	05-29	34		08-28	05-31	30		08-30	06-03	29		09-02	06-08	29	
	最早③	08-07	05-14	19		08-09	05-17	16		08-10	05-19	14		08-13	05-24	14	
合肥	平均①	08-14	05-16	21	57	08-16	05-20	20	46	08-18	05-23	18	67	08-20	05-25	15	53
	最晚②	08-23	05-22	27		08-25	05-25	24		08-17	05-29	24		08-27	05-29	19	
	最早③	08-04	05-10	15		08-08	05-16	15		08-09	05-17	12		08-11	05-21	11	
贵阳	平均①	09-07	05-30	35	77	09-12	06-05	35	72	09-22	06-11	37	65	09-29	06-15	37	63
	最晚②	09-26	06-13	49		10-01	06-17	47		10-14	06-23	49		10-24	06-27	48	
	最早③	09-19	05-16	21		08-25	05-23	22		08-30	05-30	25		09-04	06-04	25	

注：A为母本抽穗期；B为母本播种期；C为双亲播种差期；D为播差相对变率。

2. 繁殖技术与光温生态条件的关系

两系法杂交水稻核不育系可"一系两用",即在不育期间作核不育系繁制杂交种子,在可育期间通过自交结实以保持其不育性的繁殖。在正常气候年份,现有的光温敏核不育系都具有比较明显的不育期和可育期;但如遇秋季异常高温或"寒露风"提早到来,则对秋季繁种产生不利影响。另外,根据人工气候箱的鉴定结果,一些核不育系,尤其是籼型光温敏核不育系,其可育的温度范围是非常狭窄的,这就提示两系法杂交水稻核不育系的繁殖仍需要严格的规程。

(1)不育系的繁殖途径。朱英国等以"农垦58S"为供试材料,利用10 h短日照、海南冬繁、武汉刘蔸再生获得的3种来源的种子同时播种,秧苗在10 h短日照下处理到幼穗第2次枝梗原基分化期,然后同时分别转移至14 h和10 h下,发现3种来源的"农垦58S"的育性转换特性没有明显的差异,即在14 h日照下均为不育,10 h日照下均恢复可育。这些结果表明两系法杂交水稻光温敏核不育系可以通过多种途径繁种且不影响其育性转换的特性。

根据繁殖核不育系种子的季节来分,可以分为春繁、秋繁和冬繁;根据繁殖的地点来分,可以分为当地繁殖和异地繁殖;根据栽培方式的不同,又可以分为主栽繁殖和再生繁殖,等等。

繁种的途径与不育系的光温特性及地区的光温条件有关,对于早籼型核不育系,在长江中下游地区可以春繁、也可以秋繁;对于中籼型核不育系,以秋繁为主;对于晚粳型核不育系,一般只能安排秋繁。以地区来说,北方日照时数长,秋季低温来得早,基本上不适合任何类型核不育系的繁殖要求,所以一般采取"南繁北制"的技术路线。

就长江下游的江浙地区来看,中籼型或晚粳型核不育系的繁殖在当地可以采用早季播种、夏季刈蔸留茬、秋季收再生种子,以及在晚季播种繁殖种子这2条途径，如再加上去海南春繁，则共有3条途径可以选择，但这3条途径各有利弊，如下：

在本地早季播种，使不育系在不育期内抽穗，始穗期套袋自交并镜检颖花花粉，在8月下旬刈苑令其再生于9月中旬抽穗。通过考察主栽稻株套袋自交结实率和花粉不育度，收获不育性优良的单株上的再生种子。这种方法对保障不育系的纯度最为可靠，但工作烦琐，再生稻繁殖产量低。此法适用于生产核不育系的原原种或者原种，不适于大量的种子生产。

在本地晚季播种，使核不育系在可育期间抽穗扬花，这种繁种方式容易获得理想的产量，但关键是要确定合理的播种期，播种太早，导致在核不育系的不育期内或者在育性转换期间抽穗，从而影响繁种产量；播种太迟，在抽穗期易遇上低温冷害，亦影响繁殖产量。故而可以认为此法适宜大量繁种，但不足之处是难于区分核不育系内混有的株型与核不育系相似的杂株。

在海南春繁一般也容易获得理想的繁种产量，但不足之处是容易受到温度的制约，即太早抽穗（2月上中旬）易遭低温胁迫而难获高产，而且春繁成本高，去杂亦有困难。

（2）低温敏核不育系的繁殖技术。早在1992年袁隆平就根据我国两系法杂交水稻研究的现状，提出了选育实用性水稻光（温）敏不育系的技术策略，它的关键是导致不育的温度指标，即无论光敏抑或温敏，唯有导致不育的起点温度低而且在低于临界温度时还需较长的时日才能恢复可育的不育系才具有实用价值。他把这种不育系称为"低温敏不育系"。根据我国南方的实际气候条件，一般将此下限温度定在23～24℃，这一技术策略的着眼点是最大限度地保证制种的纯度，但对于那些对光长反应敏感性欠缺的核不育系如"WD1S"和基本温敏的核不育系如"培矮64S"等的繁殖带来很大困难，因为这些核不育系在长江中下游地区秋季自然光长的条件下，可育的温度范围很窄且又接近于生物学下限温度。因此，在自然条件下一般很难获得高产，故需另外采取以下的一些措施而获得一定的繁殖产量。

冷水灌溉：周承恕等针对"培矮64S"育性转换起点温度低、不易繁殖的问题，设计了从幼穗分化雌雄蕊形成期末至花粉母细胞减数分裂期末共10 d的昼夜深灌、昼夜浅灌、深水日排夜灌、浅水日排夜灌处理。浅灌深度为6 cm，深灌以淹没茎尖生长点为准。水温控制在进水口处为19～20℃，出水口处为20～21℃。结果表明：不同处理间繁殖产量差异极其显著，深水日排夜灌产量最高，折合为127 kg/亩，浅水日排夜灌产量较低，折合仅为15.6 kg/亩。

从植株发育的角度来看，根尖是植株的感温部位之一（如冷浸僵苗），但在穗分化后花粉育性对温度反应的敏感部位应该是茎端生长点。在低温影响核不育系育性波动时，往往3～5 d即可看出低温影响效果，但在短期低温时土温一般不会有明显下降。深灌淹没了幼穗，促使穗部温度降低，从而导致花粉育性转换。童哲等利用中国水稻研究所的人工气候箱，对"培矮64S"在12.5 h/23.5℃处理下，在敏感期附加19℃冷水间歇灌溉，未能取得预期的结实效果，很可能是浅灌的低效所致。

施用外源物质：童哲等在北京对"农垦58S"于育性转换敏感期在叶面点施或根施一定剂量的GA_3和GA_4，可使长日下的"农垦58S"恢复部分育性，最高达18.5%。故认为GA_3可作为第二信使，实现对幼穗中雄性器官发育的调节。根据这一研究，认为施用一定剂量的GA_3可以提高诸如低温敏核不育系"培矮64S"等的繁殖产量。

许建新等的研究表明，当供试不育系育性敏感期处于长日照条件下时，一定浓度的$CaCl_2$、$NiCl_2$、IAA、2,4-D与GA_3混合处理，可部分恢复可育，其中以IAA和2,4-D的提高幅度最大。对"培矮

64S"根施，平均结实率达5.1%，叶面喷施的结实率为3.4%（对照组结实率<2%），根施50 mg/L的2,4-D和50 mg/L的GA_3，叶面喷施500 mg/L的$NiCl_2$和25 mg/L的GA_3，则可提高自交结实率8个百分点。

但也有一些报道认为GA_3等叶片喷施或生长点喷施对"农垦58S"育性转换的作用甚微，甚至完全没有作用，如周承恕等在"培矮64S"的昼夜浅灌、深水日排夜灌、对照处理的雌雄形成期喷施"九二〇"（1 g/亩）后均未见到结实，而且由于喷施后植株增高10 cm以上，致使冷水未能淹没幼穗，反而减弱了冷水处理的效果。

由此可见，通过喷施外源物质来提高繁种产量的技术措施在当时没有达成统一，尚需日后大量周密的试验来证明是否有效。

主要参考文献

丁颖，1961. 中国水稻栽培学［M］. 北京：农业出版社.

梁光商，1983. 水稻生态学［M］. 北京：农业出版社.

卢兴桂，2003. 中国光、温敏雄性不育水稻育性生态［M］. 北京：科学出版社.

水稻光温生态研究协作组，1978. 中国水稻品种的光温生态［M］. 北京：科学出版社.

孙宗修，程式华，1994. 杂交水稻育种：从三系、两系到一系［M］. 北京：中国农业科技出版社.

张旭，1991. 水稻生态育种［M］. 北京：农业出版社.

张旭，1998. 作物生态育种学［M］. 北京：中国农业出版社.

张旭，陈友订，2000. 水稻光温生态与品种选育利用［M］. 北京：中国农业出版社.